K. V. Goswami
T.K. Goswami
S.N. Prajapati

# Novos derivados de pirimidina

K. V. Goswami
T.K. Goswami
S.N. Prajapati

# Novos derivados de pirimidina

ScienciaScripts

**Imprint**


Cover image: www.ingimage.com

This book is a translation from the original published under ISBN 978-620-2-30922-6.

Publisher:
Sciencia Scripts
is a trademark of
Dodo Books Indian Ocean Ltd. and OmniScriptum S.R.L publishing group

120 High Road, East Finchley, London, N2 9ED, United Kingdom
Str. Armeneasca 28/1, office 1, Chisinau MD-2012, Republic of Moldova, Europe
Printed at: see last page
**ISBN: 978-620-8-29070-2**

**Dedicado a**

***A, Terra mãe***

# RECONHECIMENTO

Antes de mais, agradeço ao *Senhor Todo-Poderoso* por tudo o que me concedeu e considero as minhas realizações como suas bênçãos.

Gostaria de agradecer ao departamento de química do H.N.S.B.Ltd. Science College, Himatnagar, que desempenharam um papel importante no meu árduo sucesso. Muitas pessoas ajudaram-nos durante o nosso trabalho de investigação, quer direta quer indiretamente. Aproveito esta oportunidade para agradecer a todos e a cada um deles que, direta ou indiretamente, cooperaram seriamente na realização deste trabalho.

**- K .V. Goswami**

**-T.K. Goswami**

**- S. N. Prajapati**

# OBSERVAÇÕES GERAIS

1. Todos os pontos de fusão não estão corrigidos e as temperaturas estão na escala centígrada.

2. Todos os solventes foram destilados antes da utilização.

3. A análise TLC foi efectuada em placas de vidro utilizando gel de sílica GF-254 e as placas foram analisadas mantendo-as em iodo ou sob luz UV.

4. Os espectros de IV foram registados no espetrofotómetro ABB-FTLA-2000 e a absorvância de IV é expressa em $cm^{-1}$

5. Os espectros$^{1}$ H NMR e$^{13}$ C NMR foram registados em Bruker DRX-300, Bruker DRX-400, Mercury Plus 300 MHz. $^{1}$Os espectros de RMN H e de RMN$^{13}$ C são apresentados em partes por milhão a partir do padrão interno (tetrametilsilano) na escala □.

6. Os espectros de massa foram registados no Jeol SX-102 (FAB) e os valores de massa são expressos como m/e.

# ABREVIATURAS

| | |
|---|---|
| μM | Micro Molar |
| $^{1}$H-NMR | $^{1}$H- Nuclear Magnetic Resonance spectroscopy |
| AcOH | Acetic Acid |
| $Al_2O_3$ | Aluminium oxide |
| AMPK | Adenosine Monophosphate-activated protein Kinase |
| Anal. Calcd. | Analytical Calculated |
| Bp | Boiling Point |
| *C. cylindracea* | Cylichna cylindracea |
| CAM Assay | Chorioallantoic Membrane Assay |
| cAMP | cyclic Adenosine Monophosphate |
| CB-1 | Cannabinoid receptor |
| CDK-2 | Cyclin-Dependent Kinase -2 |
| Cfu | colony forming unit |
| CysLT | The Murine Cysteinyl Leukotriene |
| Da | Dalton |
| DBU | Diaza(1,3)bicyclo[5.4.0]undecane |
| DEEMM | diethyl-2-(ethoxymethylene)malonate |
| DMA | dimethylacetal |
| DMF | Dimethylformamide |
| DMSO | Dimethyl sulfoxide |
| $Et_3N$ | Triethylamine |
| EtOH | Ethanol |
| FST | Forced Swimming Test |
| FT-IR | Fourier Transform- Infrared spectroscopy |
| GC-MS | Gas Chromatograph- Mass Spectrometry |
| GEBC | Gel Entrapped Base Catalyst |
| h. | Hours |
| HCN | Hydrogen cyanide |

| | |
|---|---|
| HIV | Human Immunodeficiency Virus |
| hrs. | Hours |
| HSBM | High Speed Ball Milling |
| HSV-1 | Herpes simplex virus |
| HTS | High Throughput Screening |
| IAP | Inhibitors of Apoptosis |
| $IC_{50}$ | half maximal inhibitory concentration |
| IMCRs | isocyanide based Multicomponent Reactions |
| IMTECH | Institute of Microbial Technology |
| INH resistant | Isoniazid resistant |
| *i*-PrOH | Isopropyl alcohol |
| IR | Infrared |
| IUPAC | International Union of Pure and Applied Chemistry |
| KBr | Potassium bromide |
| KDR | Kinase insert Domain Receptor |
| L. J. slope | Lowenstein-Jensen slope |
| LDL oxidation | low-density lipoprotein |
| *m/e* | mass/charge ratio |
| MAO | Monoamine oxidase |
| MAOS | Microwave Assisted Organic Synthesis |
| MCRs | Multicomponent Reactions |
| MeOH | Methanol |
| Mg | Miligram |
| MHz | Megahertz |
| MIC | Minimum Inhibitory Concentration |
| Min. | Minute |
| Ml | Milliliter |
| Mp | Melting Point |
| Ms | Mass |

| | |
|---|---|
| Mtb | Mycobacterium tuberculosis |
| MTCC | Microbial Type Culture Collection |
| MW | Microwave |
| NCCLS | National Committee for Clinical Laboratory Standards |
| NCEs | New Chemical Entities |
| NMR | Nuclear Magnetic Resonance |
| NNRTIs | Non-nucleoside Reverse Transcriptase Inhibitors |
| PDE inhibitors | Phosphodiesterase inhibitors |
| per-6-ABCD | per-6-amino-bcyclodextrin |
| PPAR-□ | Peroxisome Proliferator Activated Receptor-□ |
| Ppm | Parts per million |
| PS inhibiter | Proteasome Inhibitor |
| PTSA | p-Toluenesulfonic acid |
| R & D | Research & Development |
| r.t | Room Temperature |
| $R_f$ | Retardation factor |
| TBAB | Tetra Butyl Ammonium Bromide |
| *t*-BuOK | Potassium tertiary butoxide |
| TEBA | Triethyl Benzyl Ammonium chloride |
| TLC | Thin Layer Chromatography |
| TMAH | Tetramethyl Ammonium Hydroxide |
| TMS | Trimethylsilane |
| TNF | Tumor Necrosis Factor |
| TZDs | Thiazolidinediones |
| U-4CR | Ugi Four-component reactions |
| VCAM-1 | Vascular Cell Adhesion Molecule-1 |
| □g | microgram |

# PREFÁCIO

A pirimidina é um composto heterocíclico com seis membros, constituído por dois átomos de azoto nas posições 1 e 3 do anel heterocíclico.

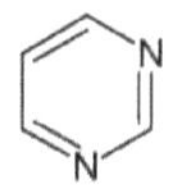

Pyrimidine

São geralmente estudados os derivados da pirimidina, tais como a 2-hidroxipirimidina, a 2mercaptopirimidina e a 2-aminopirimidina. As pirimidinas foram isoladas dos hidrolisados de ácidos nucleicos. As pirimidinas estão entre as moléculas que tornam a vida possível, sendo alguns dos blocos de construção do ADN e do ARN. Foram utilizados vários análogos de pirimidinas como compostos que interferem com a síntese e o funcionamento dos ácidos nucleicos. Os derivados de pirimidina têm uma atividade altamente terapêutica. O livro trata da atividade espetral e terapêutica de novos derivados de pirimidina.

O livro tem dois capítulos principais. O Capítulo 1 descreve a introdução aos derivados da pirimidina. O Capítulo-2 trata do esquema de reação, da parte experimental, dos estudos espectrais, da avaliação biológica e discute os resultados e a discussão, incluindo FT-IR,[1] HNMR, espetroscopia de massa.

O livro foi escrito para estudantes de química, farmácia, microbiologia ou disciplinas relacionadas que já estejam familiarizados com a síntese de compostos orgânicos e a sua avaliação terapêutica.

Dr. K. V. Goswami

Dr. T. K. Goswami

Dr. S. N. Prajapati

Correio eletrónico: kvg_msc@yahoo.co.in

# ÍNDICE

# CAPÍTULO 1

# INTRODUÇÃO GERAL

## INTRODUÇÃO

O progresso da conceção de medicamentos é amplamente impulsionado pelos instintos, intuição e experiência dos cientistas da investigação farmacêutica. É muitas vezes instrutivo tentar "captar" estas experiências, analisando o registo histórico dos projectos de conceção de medicamentos bem sucedidos do passado. A partir desta análise, a interferência desempenha um papel importante na definição dos nossos projectos actuais e futuros. Para isso, gostaríamos de analisar as estruturas de um grande número de fármacos.

O foco da conceção de medicamentos passou da investigação orientada para a estrutura para a investigação orientada para o alvo, por exemplo, o desenvolvimento do agente antiulceroso cimetidina. A histamina foi o composto principal do projeto e foram utilizadas várias estratégias para encontrar um análogo que impedisse a sua adaptação ao recetor. Uma vez desenvolvido um antagonista, foi proposta uma teoria sobre a forma como este poderia interagir com o recetor de histamina a nível molecular. Outros análogos foram então sintetizados para testar a teoria e a teoria foi continuamente modificada conforme necessário.

No século XIX, a química desenvolveu-se como ciência, tanto em termos de procedimentos experimentais como de teoria científica. Os cientistas isolaram e purificaram compostos individuais a partir de extractos naturais. Foram desenvolvidos métodos de síntese orgânica que ajudaram os químicos a alterar as estruturas de uma forma previsível.

Um pré-requisito para a conceção de fármacos seguros é o conhecimento das várias reacções metabólicas que os xenobióticos e os compostos endógenos sofrem no organismo. Uma vez que a atividade farmacológica depende da estrutura molecular, o químico medicinal está limitado na escolha dos grupos funcionais para a conceção de novos fármacos. Muitas vezes, depara-se com uma situação em que uma estrutura tem uma atividade farmacológica adequada, mas tem um perfil farmacocinético inadequado (ou seja, absorção, distribuição, metabolismo e excreção). Isto deve-se ao facto de os departamentos de farmacologia e farmacocinética da indústria farmacêutica não colaborarem frequentemente na fase inicial do desenvolvimento do medicamento. Só mais tarde, quando as entidades sintetizadas são testadas em animais ou em seres humanos, é que as desvantagens farmacocinéticas se tornam óbvias.

A moderna descoberta de medicamentos começa com a identificação de um alvo farmacológico que é hipotético e a causa primária da doença. Os potenciais alvos incluem genes da célula hospedeira, receptores, sistemas de sinalização, organelos e substâncias bioquímicas, como as enzimas. Além disso, um elemento de um processo de modificação da doença, como um mediador inflamatório, pode ser um alvo. Os processos biológicos necessários para a propagação de agentes infecciosos também provaram ser alvos terapeuticamente úteis; exemplos incluem a protease e a transcriptase reversa do vírus da imunodeficiência humana (VIH). Comum a todos os alvos selecionados como oportunidades terapêuticas é a hipótese de que existe algum tipo de ligação patogenética ao processo causador da doença, e não a sinais, sintomas ou efeitos específicos.

Os compostos heterocíclicos têm grande aplicabilidade na área farmacêutica, uma vez que possuem uma reatividade química específica e fornecem falsas sínteses no processo biossintético ou bloqueiam o funcionamento normal dos receptores biológicos. A inibição da ressonância amida, que resulta numa maior suscetibilidade do (3-lactama ao nucleófilo, é considerada, pelo menos em parte, responsável pela propriedade antibacteriana, aparentemente através da acetilação da transpeptidase, inibindo assim a biossíntese da parede celular bacteriana.

A maioria dos alcalóides, que são bases azotadas presentes nas plantas, e muitos antibióticos, incluindo a penicilina e a estreptomicina, têm também um sistema de anéis heterocíclicos. Muitos pigmentos naturais, como o índigo, a hemoglobina e a antocianina, são

heterociclos. A maior parte dos açúcares e seus derivados, incluindo a vitamina C, por exemplo, existem maioritariamente sob a forma de cinco membros. A vitamina B6 (piridoxina) é um derivado da pirimidina essencial no metabolismo dos aminoácidos.

Importantes drogas, venenos e medicamentos (naturais e sintéticos) como o sulfatiazol, a pirentrina, a rotenmona, a estricnina, a reserpina, alguns anti-histamínicos, os alcalóides da cravagem do centeio, a cafeína, a cocaína, os barbitúricos, etc. são compostos heterocíclicos.

O produto final de um esforço bem sucedido de conceção de medicamentos. O nosso objetivo é começar a desconstruir esta informação para a aplicar na conceção de novos medicamentos.

Tendo em conta a aplicabilidade dos compostos heterocíclicos, procedemos à preparação de heterociclos com núcleo de pirazol. A colocação de uma grande variedade de substituintes nestes núcleos foi projectada com o objetivo de avaliar os produtos sintetizados quanto ao seu perfil farmacológico contra várias estirpes de bactérias e fungos.

# CAPÍTULO 2

# ESTUDOS SOBRE A PIRIMIDINA

## INTRODUÇÃO GERAL

A pirimidina é um composto heterocíclico de seis membros constituído por dois átomos de azoto nas posições 1 e 3 do anel heterocíclico.

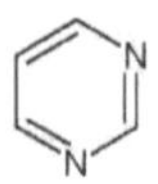


Pyrimidine

São geralmente estudados os derivados da pirimidina, como a 2-hidroxipirimidina, a 2 mercaptopirimidina e a 2-aminopirimidina. As pirimidinas foram isoladas dos hidrolisados de ácidos nucleicos.

As pirimidinas estão entre as moléculas que tornam a vida possível, sendo alguns dos blocos de construção do ADN e do ARN. Vários análogos das pirimidinas têm sido utilizados como compostos que interferem com a síntese e o funcionamento dos ácidos nucleicos, por exemplo, o fluorouracil, que tem sido utilizado no tratamento do cancro. Existem também alguns derivados do tiouracil, que produzem uma redução adversa em doentes susceptíveis e que se revelaram mais potentes e menos susceptíveis de produzir efeitos secundários, sendo amplamente utilizados[1] . Existem vários outros grupos importantes de pirimidinas com utilizações medicinais.

O anel de pirimidina com vários substituintes pode ser construído a partir de dois ou três fragmentos alifáticos pela síntese principal ou por uma variedade de outras sínteses, que são complementares e não alternativas a ela. Um segundo tipo de síntese é a isomerização ou a decomposição de outros heterociclos, como a hidratação da purina, mas estas raízes são frequentemente utilizadas.

**Significado biológico:**

As pirimidinas têm uma longa e distinta história que se estende desde os dias da sua descoberta como importantes constituintes dos ácidos nucleicos até à sua atual utilização na quimioterapia da síndrome da imunodeficiência adquirida (SIDA).

O Alloxan (I) é conhecido pela sua ação diabetogénica em vários animais **[1].** O uracilo (II), a timina (III) e a citosina (IV) são os três constituintes importantes dos ácidos nucleicos.

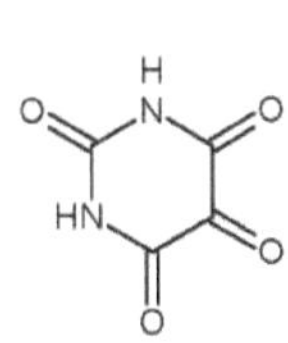

(I)

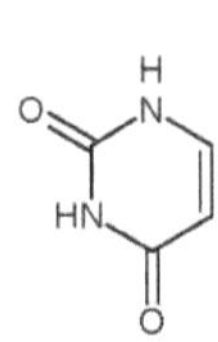

(II)

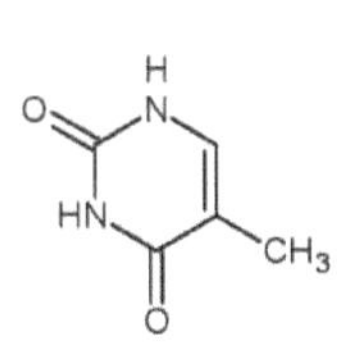

(III)

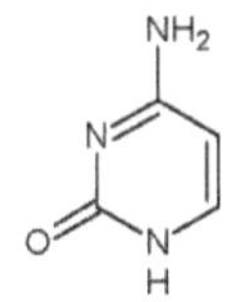

(IV)

O anel pirimidina encontra-se em vitaminas como a tiamina (V), a riboflavina (VI) e o ácido fólico (VII) **[2].** A barbitona (VIII), o primeiro barbitúrico hipnótico, sedativo e anticonvulsivo, é um derivado da pirimidina **[1].**

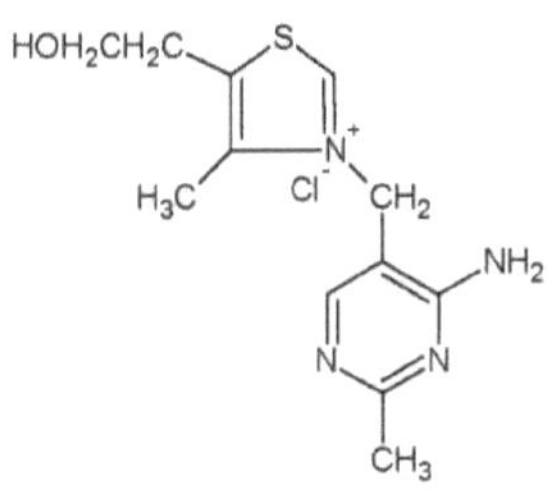

(V)

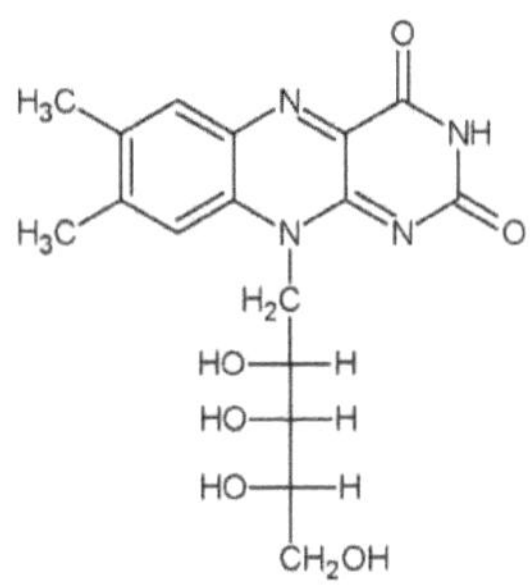

(VI)

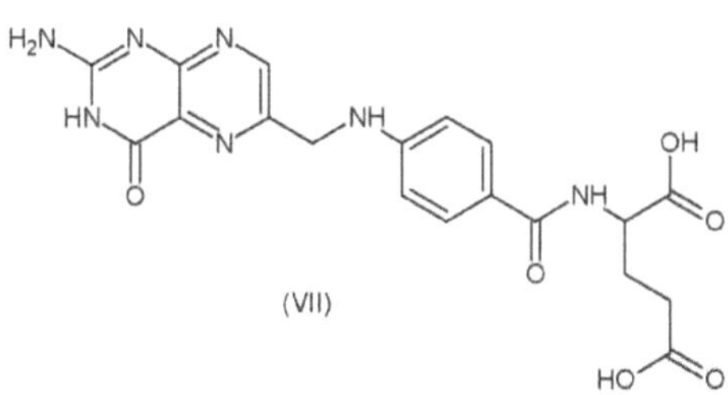

(VII)

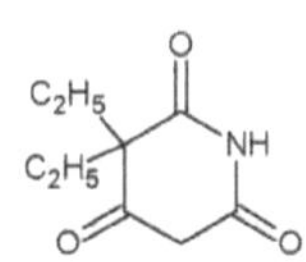

(VIII)

Existe um grande número de antimetabolitos à base de pirimidina. Normalmente, estão estruturalmente relacionados com os substratos endógenos[1] que antagonizam[1] . A modificação estrutural pode ser efectuada no anel pirimidina ou nos grupos de açúcar pendentes. Um dos primeiros metabolitos preparados foi o 5-fluorouracilo (5-FU, IXa) **[3,4], um** derivado da apirimidina. O 5-fluorouracilo

(IXb) também apresenta algumas actividades antineoplásicas úteis **[5]**.

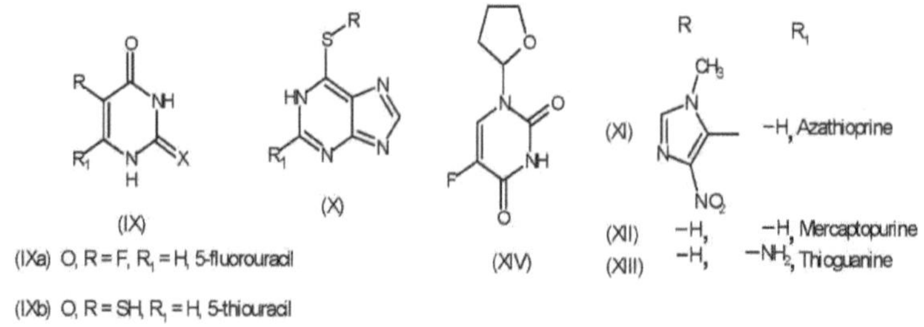


Os compostos antineoplásicos **[6]** que possuem o núcleo guanina (X), como a azatioprina (XI) **[7]**, a mercaptopurina (XII) **[8]**, a tioguanina (XIII) **[9]**, **o** tegafur (XIV) **[10]**, etc., foram descobertos após a formulação da teoria dos antimetabolitos por Woods *et al.* em 1940. Estes fármacos impedem a utilização de metabolitos celulares normais **[6]**.

Yerragunta, Vishwanadham; Patil, Prathima; Anusha, V.; Swamy, T. Kumara; Suman, D.; Samhitha, T. são relatados A pirimidina é um arom heterocíclico. org. compd. contg. dois átomos de azoto nas posições 1 e 3 do anel de seis membros mostra uma vasta gama de actividades biológicas. A pirimidina possui um vasto espetro de actividades biológicas, incluindo actividades anti-tuberculose, anti-bacteriana, antifúngica, anti-viral, anti-inflamatória, anti-malária, anti-cancerígena e anti-neoplásica, atividade anti-hiv **[11]**.

Em 1948, Hitchings G. *et al.* fizeram uma importante observação de que um grande número de 2,4-diaminopirimidinas e algumas 2-amino-4-hidroxipirimidinas são antagonistas do ácido fólico **[12]**. Desde então, um grande número de 2,4-diaminopirimidinas foram sintetizadas como antifolatos. Acabou por se provar que estas pirimidinas são inibidores da enzima dihidrofolato redutase (DHFR) **[13, 14]**. Entre os fármacos 2,4-diaminopirimidina destacam-se a pirimetamina (XV), um inibidor seletivo da DHFR dos plasmódios da malária; o trimetoprim (XVI), um fármaco antibacteriano que inibe seletivamente a DHFR bacteriana e, mais importante ainda, os inibidores muito potentes mas não selectivos da DHFR, o metotrexato (XVIIa) e a aminopterina (XVIIb), ambos utilizados na quimioterapia do cancro **[15]**. O 3' ,5' -diclorometotrexato (XVIIc), que é menos tóxico e mais facilmente metabolizado do que o metotrexato, foi recentemente introduzido na terapia anticancerígena **[16]**. O brodimoprim (XVIII) também é considerado um composto antibacteriano eficaz **[17]**.

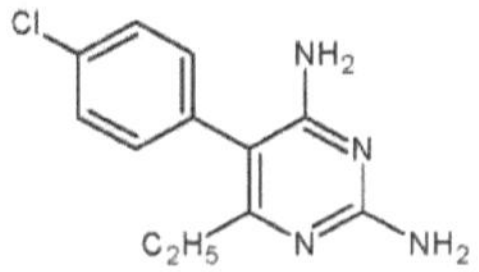

(XV)

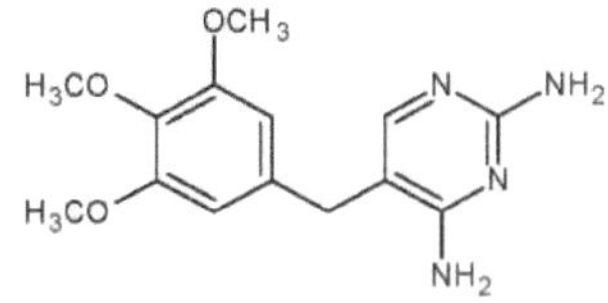

(XVI)

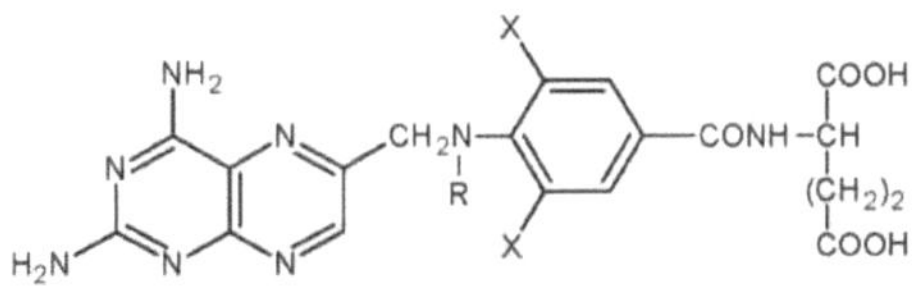

(XVII)

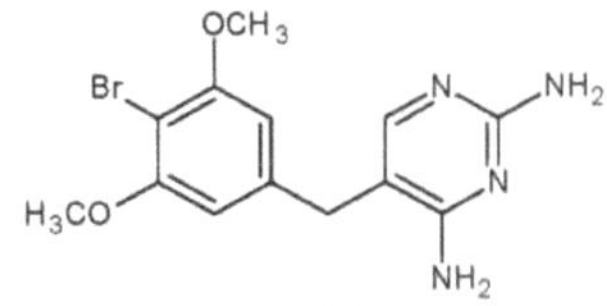

(XVIII)

a R = $CH_3$, X = H; Methotrexate

b R = X = H; Aminopterin

c R $CH_3$, X = Cl; 3',5'-dichloromethotrexate

Os derivados pirimidínicos das sulfas, nomeadamente a sulfadiazina, a sulfamerazina e a sulfadimidina, são superiores a muitas outras sulfonamidas e são utilizados em algumas infecções agudas do trato urinário (ITU), na meningite cerebrospinal e em doentes alérgicos às penicilinas **[18]**. As combinações sulfonamida-trimetoprim são utilizadas extensivamente para infecções oportunistas em doentes com SIDA **[19]**. A sulfadoxina (XIXa) **[20]**, uma sulfonamida de ação curta e intermédia com uma semi-vida de 7-9 dias, é utilizada na profilaxia da malária. A sulfisomidina (XIXb), com uma meia-vida de 7 h, é utilizada como terapêutica combinada com sulfa em medicina veterinária **[21]**. A sulfadiazina (XIXa), a sulfamerzina (XIXb) e a sulfadimidina (XIXc) possuem uma boa solubilidade em água e, por conseguinte, apresentam um risco mínimo de lesões renais, o que as torna seguras mesmo para os doentes com funções renais debilitadas.

Aly, Hala M.; Saleh, Nashwa M. são relatados como Utility of a pyrimidine thione derivative in the synthesis of new fused pyrimido[4,5-d]pyrimidine, pyrido[2,3-d]pyrimidine and different types of thienopyrimidine derivatives **[22]**.

Naresh, K.; Rajeshwar, Y.; Jayaveera, K. N. relataram a síntese e avaliação antimicrobiana de novas 4{[(aril)metileno]amino}-2-metil-5,6- tieno[2,3-d]pirimidinas substituídas **[23]**.

Em 1959, foi introduzida a sulfadimetoxina (XIX d) **[24]**, com uma meia-vida de cerca de 40 h. A 4-sulfonamidopirimidina relacionada, sulfametoxina, com dois grupos metoxi nas posições 5 e 6, tem de longe a meia-vida mais longa, de cerca de 150 h. A metildiazina (XIXe) tem uma meia-vida de 65 h. Além disso, a sulfametoxi diazina (XIXf) possui uma boa meia-vida.

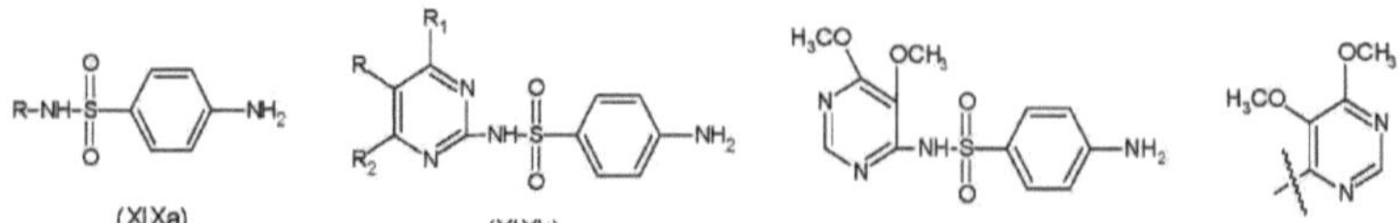

(XIXa) (XIXb) (XIXc) (XIXd)

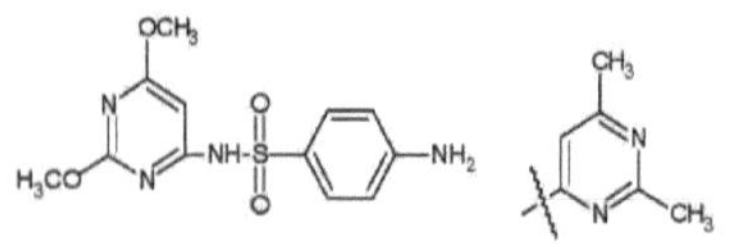

(XIXe) (XIXf)

| | R | $R_1$ | $R_2$ |
|---|---|---|---|
| Sulfadiazine (29a) | H | H | H |
| Sulfamerazine (29b) | H | $CH_3$ | H |
| Sulfadimidine (29c) | H | $CH_3$ | $CH_3$ |
| Sulfametoxydiazine (29d) | $OCH_3$ | H | H |
| Methyldiazine (29f) | $CH_3$ | H | H |

Uma nova sulfonamida de largo espetro, a sulfametomidina (XX), é relativamente não tóxica e os doentes não necessitam de ingestão extra de líquidos ou de alcalinização. Foi relatado que a sulfacitina (XXI) é 3-10 vezes mais potente do que o sulfaisoxazol e a sulfisodimidina.

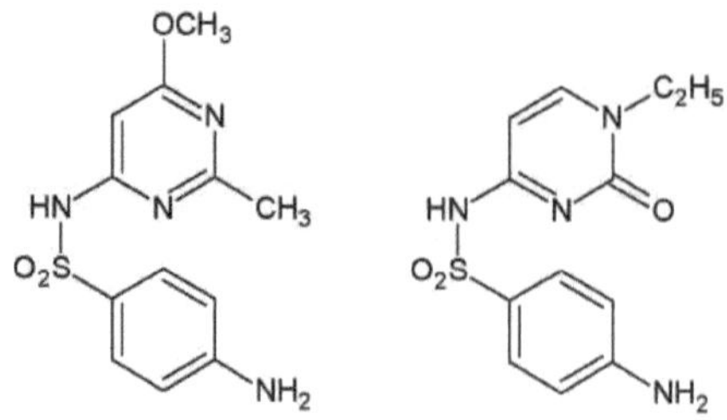

(XX) (XXI)

A bleomicina já é utilizada clinicamente contra certos tumores como o linfoma de Hodgkin e o cancro testicular disseminado **[25]**.

Agrebi, Asma; Allouche, Fatma; Fetoui, Hamadi; Chabchoub, Fakher são representados pelo pirazolo[3,4-d]pirimidina como actividades anti-inflamatórias **[26]**.

Abd El-Moneim, Mohamed relatou a síntese, a investigação do espetro de massa e a atividade biológica de alguns derivados da pirimidina **[27]**.

Andrews, B.; Ahmed, Mansur são relatados Síntese e caraterização de pirimidina com derivados de 1,3,4-tiadiazol e sua potencial ação antifúngica **[28]**.

As pirimidinas também apresentam propriedades antifúngicas. A flucitosina (XXII) **[29]** é uma pirimidina fluorada utilizada como agente antifúngico nucleosídeo para o tratamento de infecções sistémicas graves causadas por estirpes susceptíveis de candida e

Cryptococcus **[30]**. A hexetidina (XXIII) **[31]** é utilizada principalmente para o tratamento da ulceração aftosa.

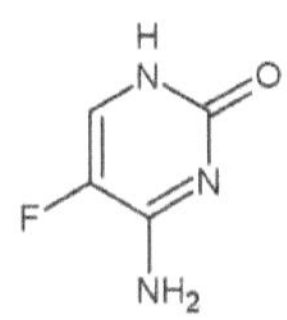

(XXII)

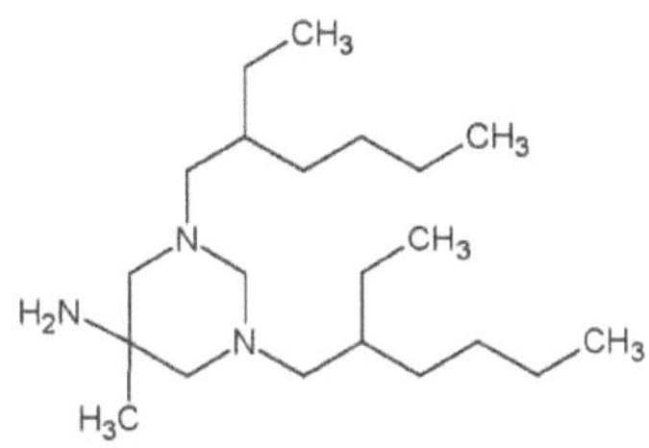

(XXIII)

A capreomicina (XIV) produzida por *Streptomyces capreolus* é um medicamento antituberculina bacteriostático de segunda linha que contém pirimidina **[32,33]**.

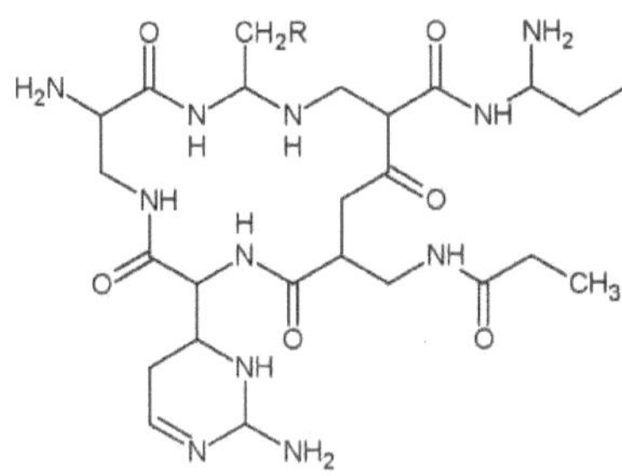

(XXIV)

A viomicina (XV) é mais tuberculostática do que o ácido *p-aminosalicílico*. É eficaz no tratamento da tuberculose experimental.

A alfuzocina (XXVI) **[34]**, um análogo da prazosina e um antagonista dos receptores adrenérgicos □i , bem como o urapidil (XXVII) **[35]** são utilizados especialmente na obstrução urinária causada pela hiperplasia benigna da próstata.

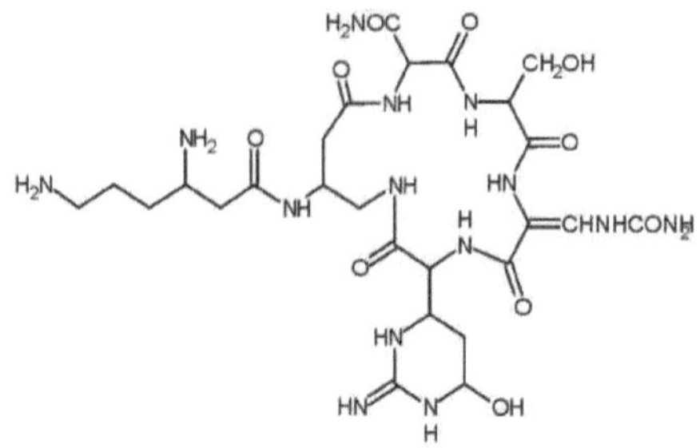

(XXV)

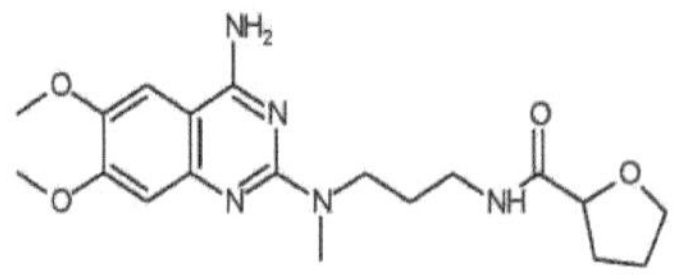

(XXVI)

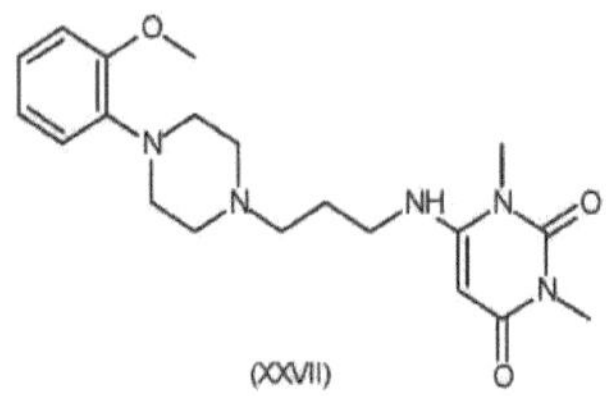

(XXVII)

Khokhani, Kamlesh M.; Gol, Ravindra M.; Khatri, Taslimahemad T.; Patel, Praful K. relataram a síntese convencional e por micro-ondas de uma nova estrutura de pirido[2, 3-d] pirimidina como agente antimicrobiano **[36]**.

Haq, Nadia; Niu, Deqiang; Petter, Russell C.; Qiao, Lixin; Singh, Juswinder; Zhu, Zhendong relataram derivados de pirimidina (XXVIII) como inibidores de ERK e a sua preparação **[37]**.

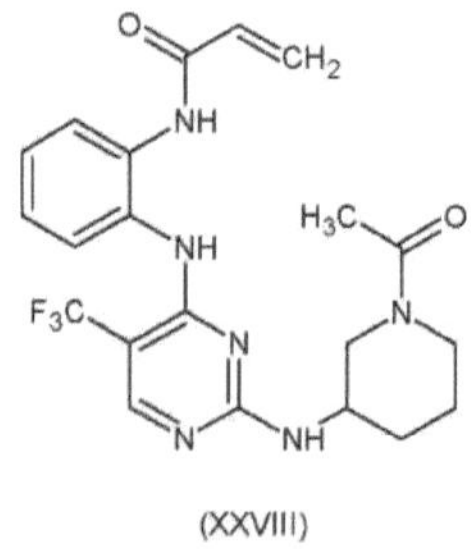

(XXVIII)

Dongre, Rajendraa S.; Bhat, Ajmal R.; Meshram, Jyotsna S. relataram a atividade anticancerígena de uma pirimidina anulada com base **em um agente de controlo [38]**.

Vários derivados da xantina, nomeadamente a teofilina, a aminofilina (XXIXa) **[39]** e a proxifilina (XXIXX b) **[39]**, apresentam uma boa atividade broncodilatadora.

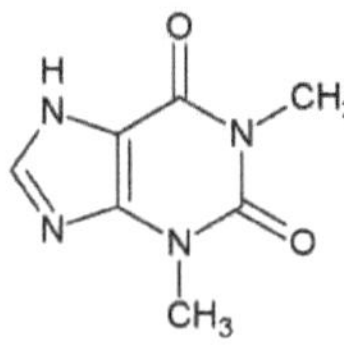

(XXIXa)

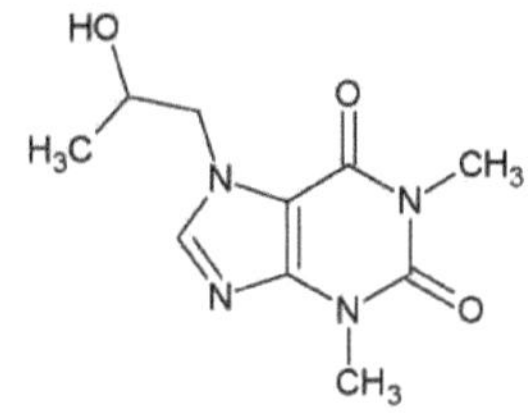

(XXIXb)

Nigel J. Liverton et.al. **[40]** sintetizaram o 4-metilbenzil 4- [(pirimidina-2-ilamino)metil]piperidina-l-carboxilato (XXX), um antagonista do recetor N-metil-D-aspartato seletivo NR2B, com biodisponibilidade oral e penetrante no cérebro. Demonstrou eficácia em modelos de roedores in vivo de antinocicepção, alodinia e doença de Parkinson.

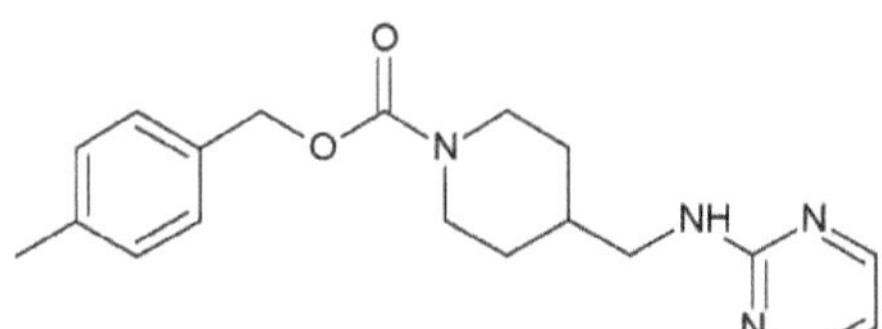

(XXX)

1. M. Hassan e A. A. Farrag **[41]** sintetizaram derivados de 2-[glicil ou Dl-valil-p-substituídos fenilmet hileneamino] -pirimdina (XXXI, XXXII). Os novos derivados de aminoácidos resultantes foram analisados quanto à sua atividade antimicrobiana e aplicação contra o fungo patogénico *Botrytis cinerea*, o agente causal da doença do bolor cinzento do pepino (*Cucmis. sativa L*).

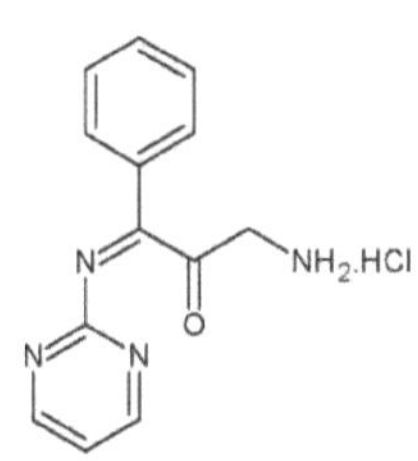

(XXXI)

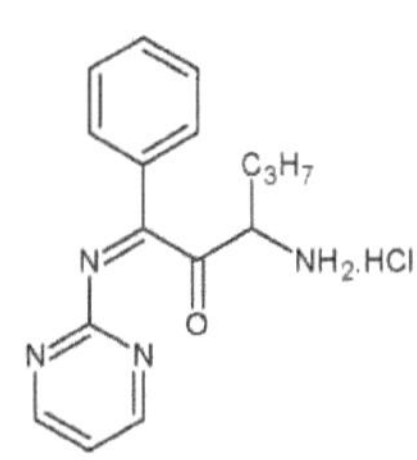

(XXXII)

Ghodasara, Hardik B.; Patel, Bharat G.; Shah, Viresh H. são relatados Síntese e avaliação antimicrobiana de um novo andaime de pirimidina-5-carboxamida **[42]**.

Kim, Hong-Yong; Shieh, Wen-Chung; Prashad, Mahavir relataram o 3-Quinuclidinol como um catalisador nucleofílico para a cianação de 2- cloropirimidinas **[43].**

Zhou, Shuwen; Xu, Defeng; Wang, Ziqiao; Zhu, Zhiling; Zha, Zhenyu; Fan, Yu; Su, Hongkui são relatados Uma síntese eficiente e conveniente de 4,6- dicloro-2-metil-5-nitropirimidina **[44].**

Behbehani, Haider é relatado Síntese e avaliação antimicrobiana de uma nova classe de pirido[l,2-a]tieno[3,2-e]pirimidina **[45]**.

Marella, Akranth; Akhter, Mymoona; Shaquiquzzaman, Mohammad; Tanwar, Omprakash; Verma, Garima; Alam, Mohammad Mumtaz relataram a síntese, 3D-QSAR e estudos de acoplamento da classe de agentes antimaláricos híbridos de pirimidina nitrilo-pirazolina(XXXIII) **[46].**

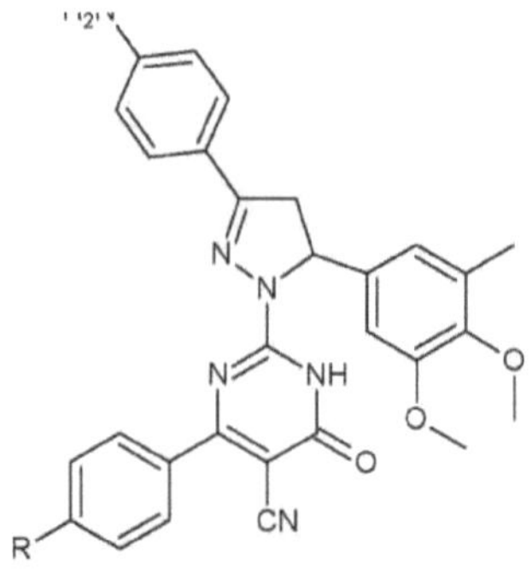


(XXXIII)

Rajesh Vyas *et al.,* **[47],** sintetizaram 4-(4-clorofenil)-6-(3,4,5-trimetoxifenil)-pirimidina-2-amina (XXXIV), que mostrou atividade antibacteriana e herbicida.

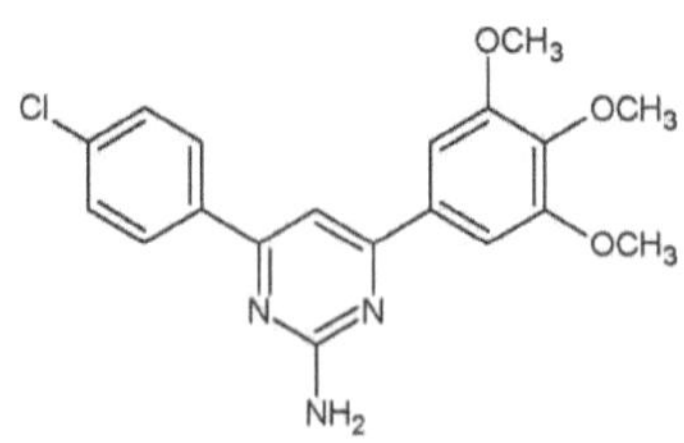


(XXXIV)

Naik *et al.*, **[48]** sintetizaram 2-[{2(Morfolino)-3-piridinil-5-tio}-2oxoetil-oxadiazolil ]-amino-4-(2,4-dicloro-5-fluorofenil)-6- (aril)pirimidina (XXXV), que mostrou atividade antimicrobiana.

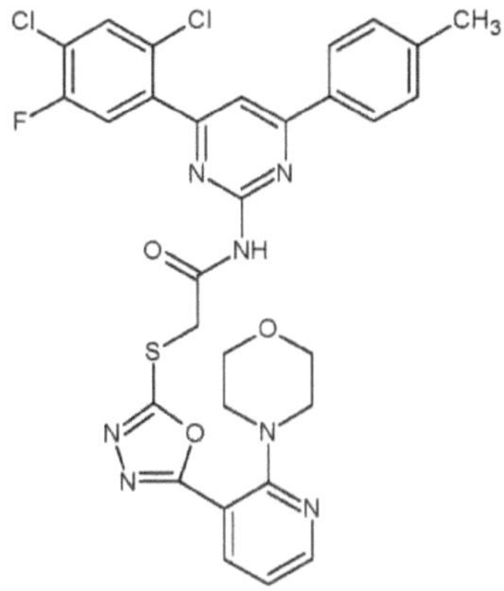

(XXXV)

Stephane pedeboscq et al., **[49]** sintetizaram 4-(2- Methylanilino)benzo[b]thieno[2,3-d]pyrimidine (XXXVI) e 4-(2- Methoxyanilino)benzo[b]thieno[2,3-d] pyrimidine (XXXVII) e demonstraram resultados positivos na atividade anti-cancro.

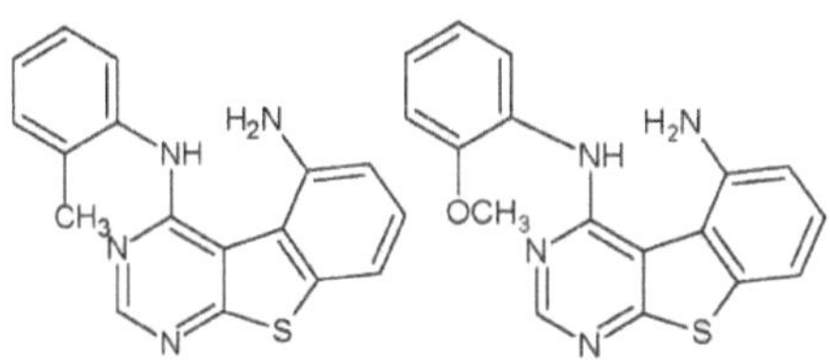

(XXXVI) (XXXVII)

Rathod *et al.* **[50]** sintetizaram a 6-acetil-5-metil-3-fenil-2- (fenilamino)-5,6-di-hidrotieno[2,3-d]pirimidina-4(3H)-ona (XXXVIII), que mostrou atividade analgésica.

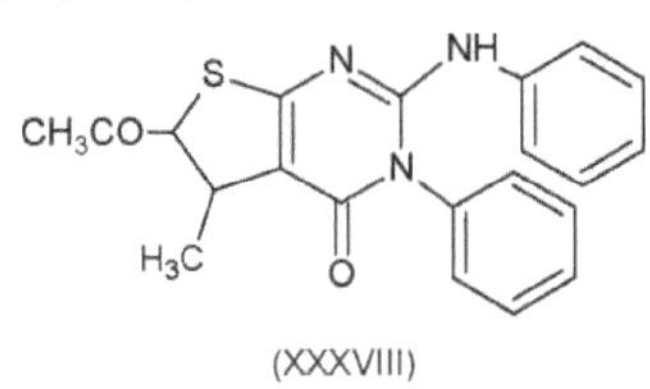

(XXXVIII)

Erric A. Meade *et al.* **[51]**, sintetizaram 4-benzilamino-2,7-H-pirrolo [2,3-d] pirimidina (XXXIX), que tem atividade ansiolítica.

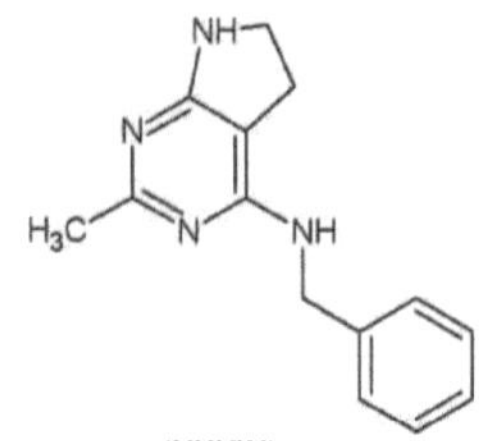


(XXXIX)

Stocker, Andrew Preston, John **[52]** sugeriram a atividade antitrombótica e anticoagulante da l-(6-cloronaft-2-ilsulfonil)-3metoxicarbonil- 4-[4-(4-pirimidinil) benzoil] piperazina (XL).

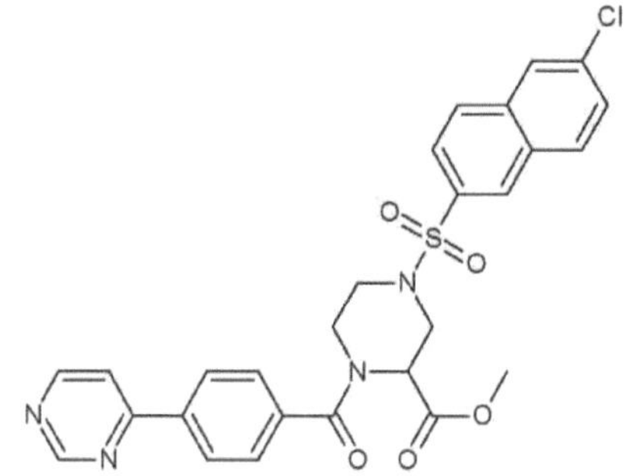


(XL)

Uma série de 4-aril-2-(fenilamino)pirimidinas (XLIa, b) foi preparada Paul, Rolf; Hallett et.al **[53]** como inibidores da libertação de mediadores, úteis no tratamento da asma e de outras perturbações alérgicas, e analisados utilizando basófilos humanos. Após o exame de um grande número de análogos, a [(imidazolil)fenilamino] (pirimidinil) pirimidina II foi selecionada para avaliação toxicológica.

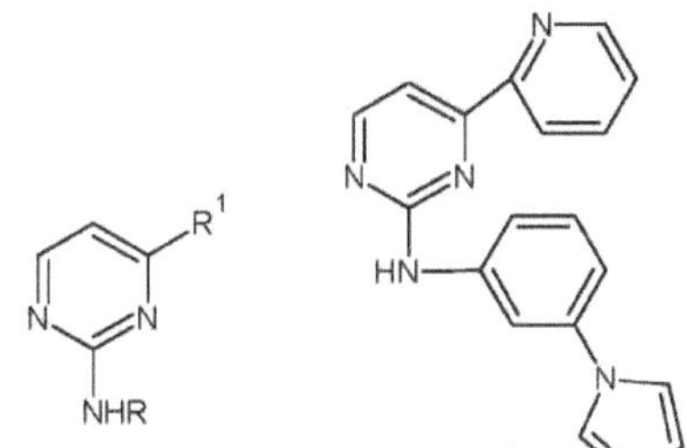

a b

(XLIa, b)

R = Ph, substituted Ph, R[1] = 2-, 3-, 4-pyridyl, 2-, 3-thienyl, 2-, 3-furyl

Prakash, L.; Malik et.al **[54]** prepararam cianopiridinas amino anisilares (XLIIa, b) e avaliaram a sua atividade antimicrobiana.

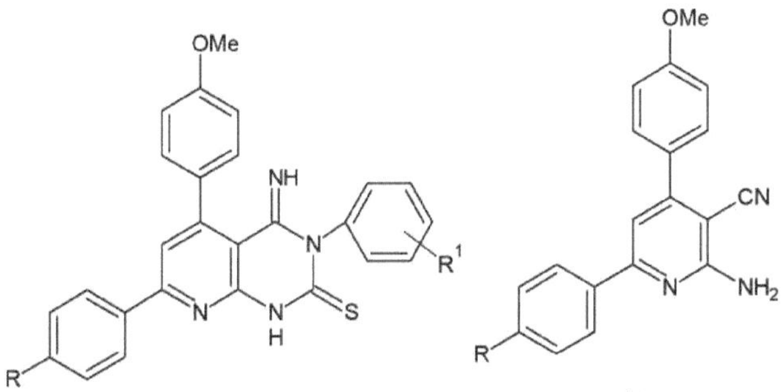

a b

(XLIIa, b) $R_1$ = $-C_6H_4NCS$

Badie, M. F et al. **[55]** prepararam novos derivados 2-(aminoacil e dipeptidil)amino-4,6-dicloro- e 5-bromopirimidina. Alguns compostos. (XLIIIa, b) foram activos como bactericidas e fungicidas.

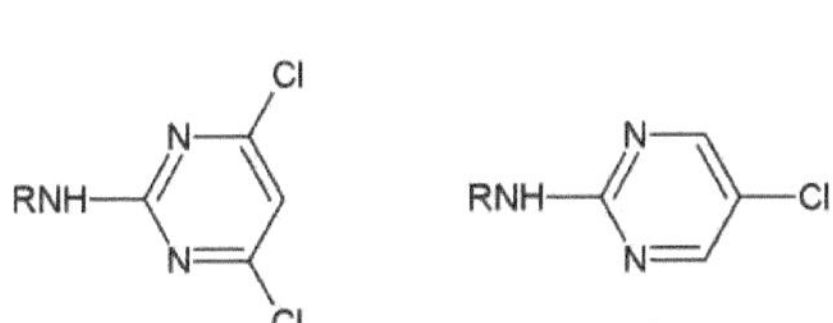

a b

(XLIIIa, b)

Os análogos do ácido N-[4-[4-(2,4-diamino-l,6-dihidro-6-oxo-5-pirimidinil)butil] benzoil]-L-glutâmico (7-DM-DDATHF) foram preparados por Shih, Chuan; Gossett et.al. **[56].**

O análogo (XLIVa, b) foi sintetizado e avaliado como atividade moderada in vivo contra o linfossarcoma $6C_3$ HED e o linfossarcoma mamário

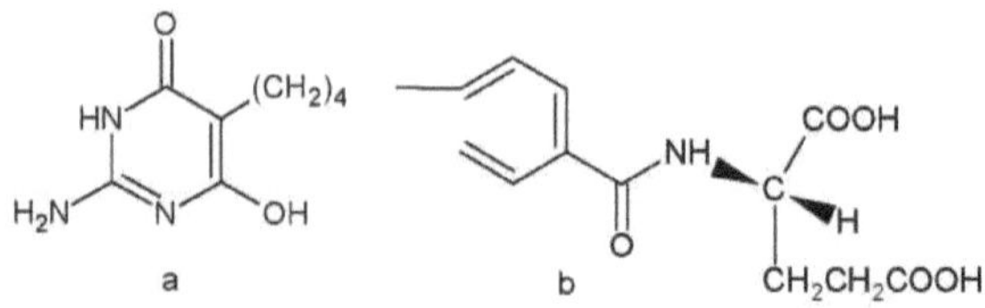

(XLIVa, b)

Uma série de ácidos 2-anilino-l,6-dihidro-6-oxo-5-pirimidinocarboxílicos (XLV) foi sintetizada e avaliada no teste de anafilaxia cutânea passiva em ratos para atividade antialérgica por Ozzeki, Kohji et.al. **[57]**. Foi observada uma elevada atividade por administração i.p. e oral para os derivados 3-trifluorometil e 2-alcoxi.

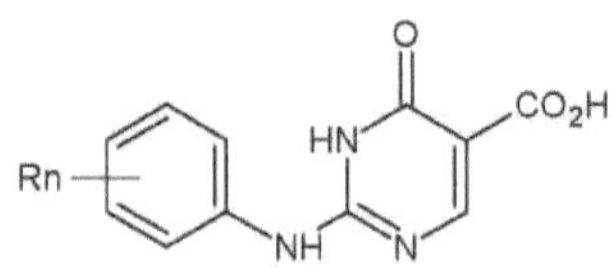

(XLV)

Rn = H, Halo, $CF_3$, $NO_2$, $Me_2N$, COOH, COMe, Alkyl, OH, Alkoxy

Uma série de 2,4-diamino-5-[(l,2,3,4-tetrahidro-6-quinolil) metil] pirimidinas (XLVI) foi preparada por Rauckman, Barbara S et.al. **[58]** e são excelentes inibidores da desidrofolato redutase bacteriana. Alguns dos compostos apresentaram uma excelente atividade antibacteriana in vitro de largo espetro.

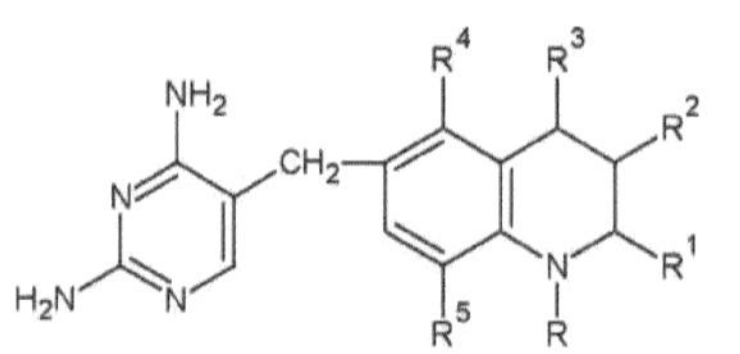

(XLVI)

R = H, Me,Et, $(CH_2)_2OMe$, $(CH_2)_2OH$, $(CH_2)_2Ac$

$R^1$ = H, Me

$R^2$ = H, OMe, COOEt, $CH_2OAc$, $CH_2OH$

$R^3$ = H, Me $R^4$ = H, OMe

$R^5$ = H, OMe, Cl, Et, $O(CH_2)_2OMe$

Sanghvi, Yogesh S et.al. **[59]** sintetizaram vários C(4) substituídos

Os nucleósidos de pirazolo (XLVIIa, b) piridina envolvem a deslocação nucleofílica por um nucleófilo adequado na posição C(4) da 4-cloro-lH-pirazolo[3,4-b] piridina e avaliaram a sua atividade antimicrobiana.

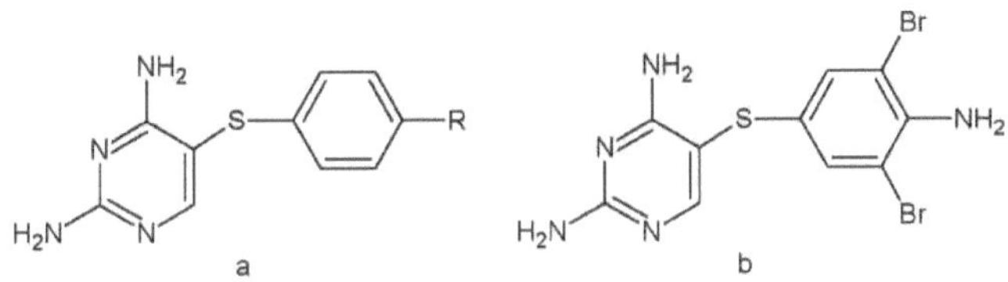

(XLVIIa, b)

Dinakaran et.al. **[60]** prepararam pirimidinonas e pirimidina-tiões. A atividade anti-oxidante dos compostos foi medida. Os compostos com atividade anti-oxidante significativa foram depois analisados quanto à atividade anti-inflamatória in vivo e mostraram que os compostos. (XLVIII) (possuem uma boa atividade comparável à do padrão. Todos os compostos sintetizados foram avaliados quanto à sua atividade anticancerígena in vitro através do ensaio MTT, entre os quais os compostos II (R = Cl, OEt) apresentaram uma atividade significativa contra as linhas celulares HeLa e HepG2, respetivamente.

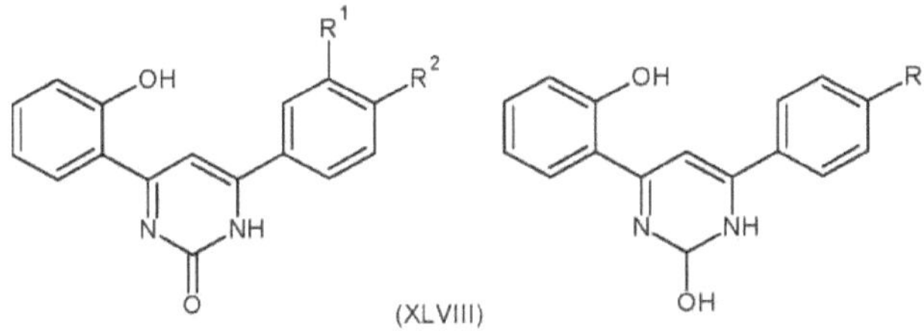

(XLVIII)

$R^1$ = H, OMe $R^2$ = OMe, OEt

Ramiz et.al. **[61]** sintetizaram novos derivados de pirimidina 2,6-di-substituídos. Os compostos sintetizados apresentaram diferentes graus de atividade antimicrobiana contra Bacillus subtilis (Gram-pos.), Pseudomonas aeruginosa (Gram-neg.) e espécies de Streptomyces (Actinomicetes).

Prasad, Y. Rajendra et.al. **[62]** sintetizaram algumas pirimidinas (XLIX) a partir de chalconas. Estes compostos foram analisados quanto à sua atividade anti-histamínica. Os resultados mostraram uma atividade anti-histamínica significativa quando comparados com o anti-histamínico padrão mepiramina.

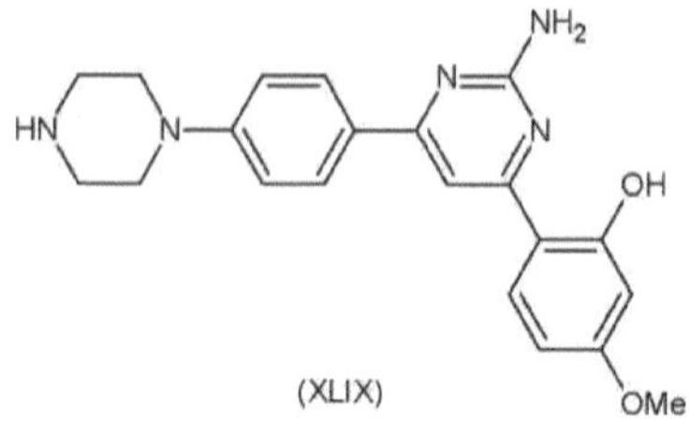

(XLIX)

Lou, Jun; Yang, Xiaoyan; Rao, Zhigang; Qi, Wenwen; Li, Jinhui; Wang, Haiyu; Li, Yuxi; Li, Jinping; Wang, Zhiming; Hu, Xianming; et al. relataram derivados de 6-oxo-l,4,5, 6-tetrahidropirimidina-5-carboxilato (L) como inibidores da neuraminidase **[63].**

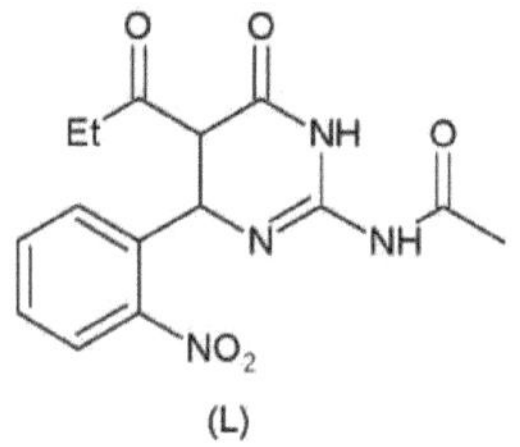

(L)

Rashid, Mohd.; Husain, Asif; Shaharyar, Mohammad; Mishra, Ravinesh; Hussain, Afzal; Afzal, Obaid relataram moléculas de pirimidina (LI) dotadas de tiazolidina-4-ona como novos agentes anticancerígenos **[64].**

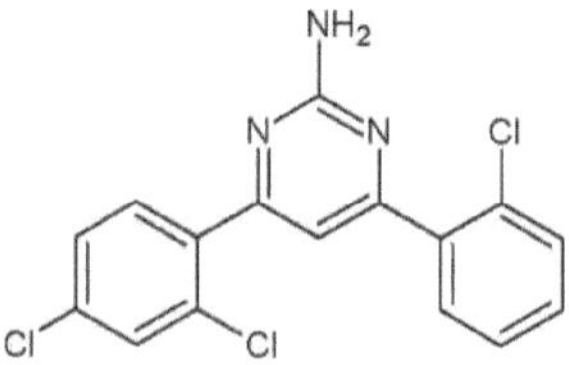

(LI)

Kim, Jin-Hee; Yu, Jinha; Alexander, Varughese; Choi, Jung Hee; Song, Jayoung; Lee, Hyuk Woo; Kim, Hea Ok; Choi, Jungwon; Lee, Sang Kook; Jeong, Lak Shin relataram 2 -modified-4" -seleno-arabin ofuranosyl- pyrimidines (LII)as anticancer agents **[65].**

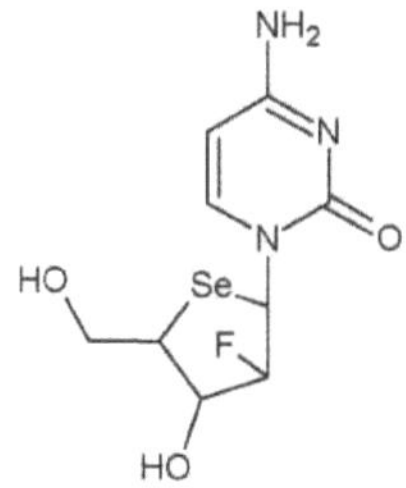

(LII)

Edupuganti, Ramakrishna; Wang, Qiantao; Tavares, Clint D. J.; Chitjian, Catrina A.; Bachman, James L.; Ren, Pengyu; Anslyn, Eric V.; Dalby, Kevin N. relataram pirido[2, 3-d]pirimidina-2,4-diona

como inibidores de eEF-2K **[66].**

Lahsasni, Siham A relatou a síntese de novos l-(3'-cloro-l',4'- dioxo- l',4'-dihidronaftalen-2'-il)-5-substituídos-lH-pirimidina-2,4-diona (LIII) como potenciais agentes antibacterianos **[67].**

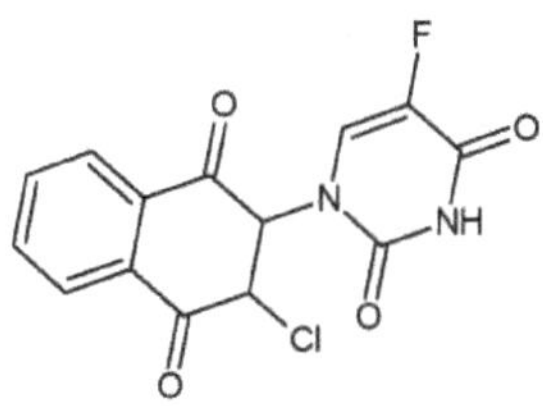

(LIII)

Al-Refai, Mahmoud; Geyer, Armin; Marsch, Michael; Ali, Basem F. relataram 6-(2,5-Dichlorothiophen-3-yl)-3,4-dihydro-4-(4- methoxyphenyl)pyrimidine-2(lH)-thione como agentes antimicrobianos **[68].**

Calabrese, Andrew Antony; . | effy. Brandon; Robinson, Dale; Zhu, Dan; Huang, Dehua; Elsner, Jan; Boylan, John; Tehrani, Lida; Nagy, Mark A.; Moghaddam, Mehran Fallah; et al relataram compostos de pirrolopirimidina substituídos (LIV & LV) e seu uso no tratamento do câncer de mama triplo negativo **[69].**

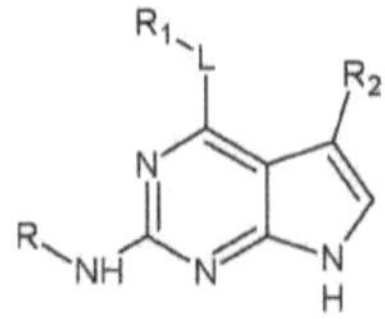

(LIV)

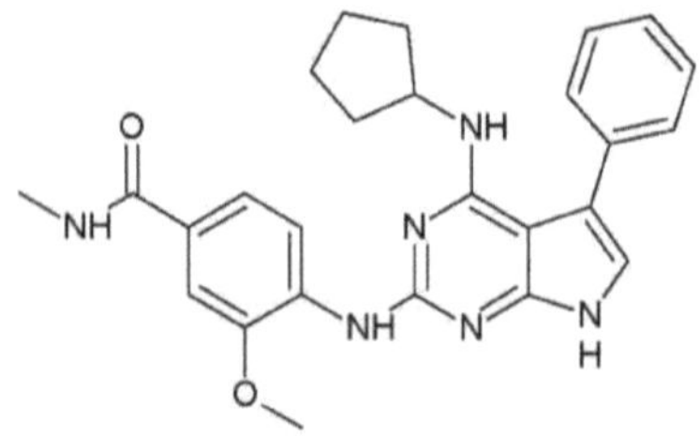

(LV)

2-Aminopirimidinas exibem um amplo espetro de atividades farmacológicas como, Antimicrobiano **[70-71]**, Antitumoral [72], Inibidor da proliferação celular **[73]**, Dopamina$D_4$ antagonistas **[74]**, Cardiovascular **[75]**, Inflamatório **[76]**, Antiviral [77], Inibidor de tirosina quinase **[78]**, Adrenalina □ recetor blacker **[79]**.

Hisaki Masakatsu **[80]** sintetizou algumas amino-pirimidinas que são úteis no tratamento de doenças rotavíricas. Robson C. et al. **[81]** prepararam derivados de amino-pirimidinas como agentes antifúngicos. Leanne M. et al. **[82]** prepararam amino-pirimidinas e apresentaram-nas como agentes antivirais.

Yamada K. **[83]** sintetizou algumas amino-pirimidinas e testou-as como antagonistas da endotelina. Suto, M. et al. **[84]** prepararam algumas amino-pirimidinas que possuem actividades anti-inflamatórias, anticancerígenas e anti-reumatóides. Gangjee A. et al. sintetizaram amino-pirimidinas que possuem atividade antitumoral. Ugarkar B. et al. encontraram amino-pirimidinas na inibição de doenças cardiovasculares e ceribrovasculares.

Hernan dez et al. **[87]** e Secrist J. et al. **[88]** prepararam aminopirimidinas com atividade antitumoral. Barot V. M. **[89]** preparou derivados de 2- aminopirimidinas que também possuem atividade antibacteriana

Foi considerado interessante preparar algumas novas 2-aminopirimidinas e seus derivados a partir de chalconas substituídas.

> **Abordagem sintética**

A primeira síntese primária a partir de fragmentos alifáticos foi efectuada por Frankland e outros, em 1848, e desde então foram desenvolvidos muitos métodos de síntese primária distintos **[90-99]**. É também possível preparar pirimidinas a partir de outros compostos heterocíclicos, tais como pirrol **[100]**, imidazol **[101]** e oxazóis **[102-103]**, piridinas **[104]**, pirazinas **[105]**, 1,3,5-triazinas **[106]**, oxazinas **[107]**, tiazinas **[108]**, através de vários processos.

1. A reação de chalcona com cloridrato de guanidina na presença de t-butóxido de potássio em t-butanol produziu os correspondentes derivados de 2-amino pirimidina [109]
2. Abd-El-galil E. Amr [110] sintetizou aminopirimidinas através da reação de chalconas com cloridrato de guanidina na presença de NaOH.

Rasaki [111] sintetizou a 2-aminopirimidina através da reação de epóxidos de chalcona com carbonato de guanidina em xileno.

A 1,6-dihidropirimidina-2-tiol tem sido alvo de um interesse considerável nos domínios da química medicinal e agrícola devido ao seu amplo espetro de actividades biológicas. Tem-se concentrado uma atenção considerável no desenvolvimento e na síntese de 1,6-di-hidropirimidina-2-tiol para obter moléculas biológicas potentes, que foram preparadas pela condensação de chalcona com tioureia na presença de KOH.

# CAPÍTULO 3
# ESQUEMA DE REACÇÃO

**Síntese, estudos espectrais e avaliação biológica do 4-(2,5-dimetoxi-4-metilfenil)-6-substituído-fenil-l,6-di-hidropirimidina-2-tiol (a-f)**

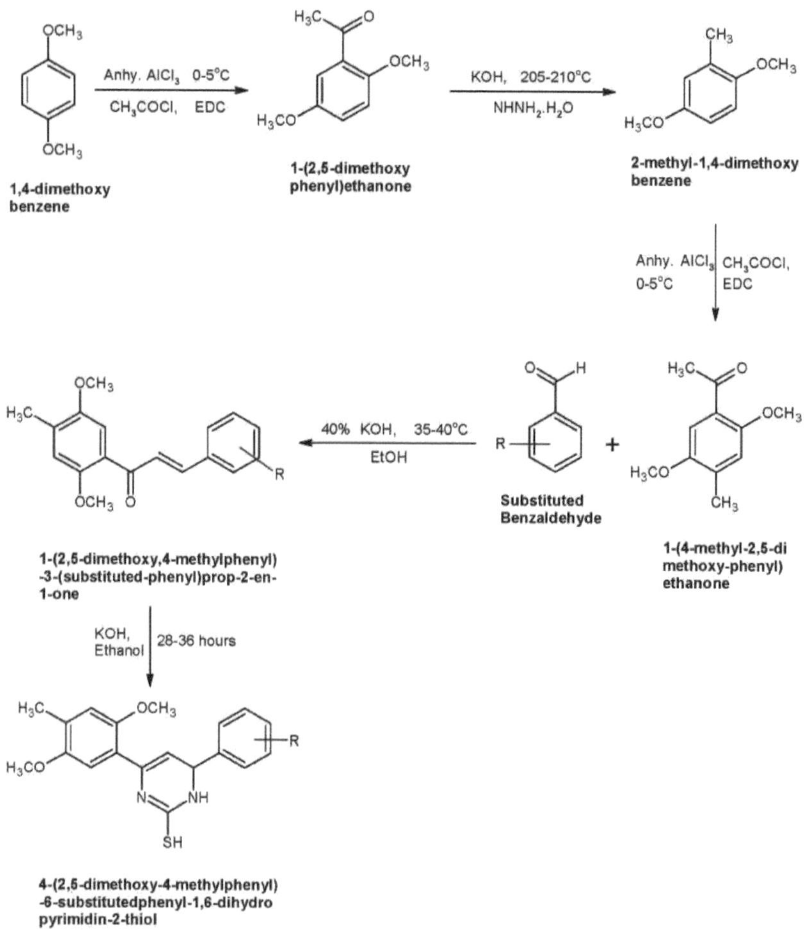

# Experimental

## Síntese do l-3-(2,5-dimetoxi-4-metilfenil)-5-fenil-4,5-di-hidro-lH-pirazol (a-f)

### Passo-l:

### Síntese da l-(2, 5-dimetoxifenil) etanona:

Uma mistura de 1,4-dimetoxi benzeno (13,8gm, 0,1mol) e cloreto de alumínio (26,6gm, 0,2mol) em 1,2-dicloro etano (150ml) foi agitada a 0° C. O cloreto de acetilo (9,3gm, 0,12mol) foi adicionado lentamente a 0° C, a mistura resultante foi agitada 6 horas à temperatura ambiente. A solução foi então vertida numa mistura de gelo picado e água. A mistura arrefecida foi agitada durante 15 minutos e a camada orgânica foi separada, tendo a mistura sido novamente extraída com dicloroetano (3X50 ml). A camada orgânica foi lavada com água, seca sobre sulfato de sódio e evaporada para dar um produto bruto amarelado. O produto bruto, depois de destilado, deu 2,5-dimetoxiacetofenona (16,2 g) como óleo quase branco. **Rendimento:** 90 %.

| **Analysis:** | | |
|---|---|---|
| $C_{10}H_{12}O_3$ | **Found :** | C: 66.60%, H: 6.68%, O: 26.59%. |
| | **Calculated:** | C: 66.65%, H: 6.71%, O: 26.64%. |

### Passo 2:

### Síntese do 2-metil-l, 4-dimetoxibenzeno:

A mistura de l-(2,5-dimetoxifenil)etanona (18gm, 0,1mol), pastilhas de KOH (12,7gm, 0,22mol), hidrazina a 65% (22,5gm, 0,45mol) e trietilenoglicol (100ml) foi levada à ebulição por manta de aquecimento e o destilado foi removido, permitindo que a temperatura do conteúdo da panela aumentasse continuamente. Quando a temperatura da panela atingiu 210° C, o refluxo foi estabelecido e mantido durante mais 3 horas. Após arrefecimento, a mistura reacional foi vertida em água e extraída com 3x100 ml de 1,2-di-clorometano. O solvente foi removido, obtendo-se 13,2 g (80%) de um líquido cor de palha pálido de 2-metil 1, 4-di-metoxibenzeno. **Rendimento:** 80 %, **B.P.:** 66° C, (Reportado; 65° C).

| **Analysis:** | | |
|---|---|---|
| $C_9H1_2O_2$ | **Found:** | C: 71.03%, H: 7.95%, O: 21.03% |
| | **Calculated:** | C: 71.06%, H: 8.00%, O: 21.05% |

**Passo 3:**

**Síntese da l-(4-metil-2, 5-dimetoxifenil)etanona :**

Uma mistura de 4-metil 1,4-dimetoxibenzeno (15,2gm, 0,1mol) e cloreto de alumínio (26,6gm, 0,2mol) em 1,2-dicloroetano (150ml) foi agitada a 0° C. Adicionou-se lentamente cloreto de acetilo (9,3gm, 0,12mol) a 0° C à mistura agitada. A mistura resultante foi novamente agitada durante 6 horas à temperatura ambiente. A solução foi então vertida numa mistura de gelo picado e água. A mistura arrefecida foi agitada durante 15 minutos para separar a camada orgânica, tendo a mistura sido novamente extraída com diclorometano (3X50 ml). A camada orgânica foi lavada com água, seca sobre sulfato de sódio e evaporada para dar um produto bruto amarelado (18.7gm, 90%). O produto bruto que, recristalizado a partir de metanol, deu 1-(4-metil-2,5-dimetoxifenil) etanona como sólido incolor **M.P.**;70°C, **Rendimento** : 90 %.

| **Analysis:** | | |
|---|---|---|
| $C_{11}H_{14}O_3$ | **Found:** | C: 68.12%, H: 7.27%, O: 24.71% |
| | **Calculated:** | C: 68.14%, H: 7.24%, O: 24.75% |

**Passo 4:**

**Síntese da l-(4-metil-2,5-dimetoxifenil)-3-(2-cloro-3-etoxi-4-metoxifenil) prop-2-en-l-ona:**

A uma mistura de 1-(4-metil-2, 5-dimetoxifenil)etanona (0,01mol) e 2-cloro-3-etoxi, 4-

metoxi benzaldeído (0,01mol) em etanol (30ml) foi adicionada uma solução de hidróxido de potássio (40ml, 40%) com agitação constante do balão de reação. A mistura reacional foi agitada durante 24 horas num agitador magnético e vertida para gelo picado e acidificada com HCl diluído (2N). A massa sólida que se separou foi filtrada, lavada com água, seca e cristalizada a partir de metanol para dar agulhas amarelas claras. **M.P.;**182°C; **Rendimento:** 82%, **valor Rf:** 0.78.

| **Analysis:** | | |
|---|---|---|
| C21H23Cl O5 | **Found:** | C: 64.35%, H: 5.93%, O: 20.47%, X: 9.07% |
| | **Calculated:** | C: 64.52%, H: 5.97%, O: 20.43%, X: 9.07% |

**Passo 5:**

**Síntese de 4-(2,5-dimetoxi-4-metilfenil)-6-(3-cloro-4-hidroxi-5-metoxi-fenil)-l, 6-di-hidropirimidina-2-tiol**

A l-(4-metil-2,5-dimetoxifenil)-3-(3 -cloro-4-hidroxi-5-metoxifenil) prop-2-en-l-ona (0,01 mol) foi dissolvida em 30 ml de etanol e a tioureia (0,04 mol) foi adicionada à temperatura ambiente. Seguiu-se a adição de 5 ml de solução de KOH durante a reação, a intervalos regulares de 1 hora. A mistura reacional é mantida em refluxo durante 28-36 horas, tendo a reação sido completamente observada por TLC. Após a conclusão da reação, a massa reacional foi arrefecida à temperatura ambiente e diluída com água, seguida de filtração para isolar o sólido, seco e cristalizado em etanol como agulhas amarelas claras. **Valor RF**: 0,67, **M,**P-l65$^0$ C, **Rendimento:** 64%.

| **Analysis:** | | |
|---|---|---|
| $C_{21}H_{23}ClO_5$ | **Found:** | N: 6.67%, X: 8.40%, S: 7.65% |
| | **Calculated:** | N: 6.66%, X: 8.42%, S: 7.62% |

De igual modo, foram preparados outros 4-(2,5-dimetoxi-4-metilfenil)-6-substituídos-fenil- l,6-di-hidro-pirimidina-2-tiol(a-f). Os dados físicos estão registados no **Quadro 1**

**Quadro-1: Dados físicos do 4-(2,5-dimetoxi-4-metilfenil)-6-substituído fenil-l,6-dihidropirimidina-2-tiol (a-f)**

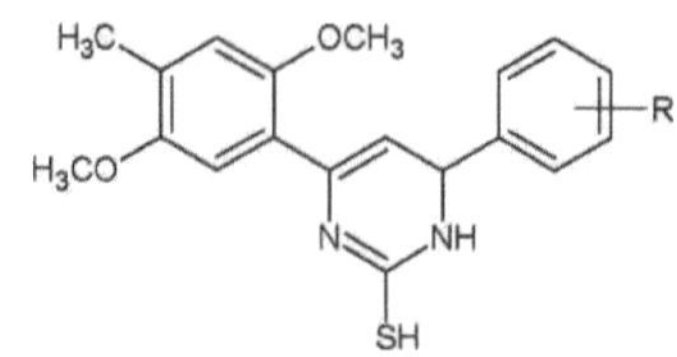

| Sr. No. | -R | Molecular Formula (M. W.) | M.P. °C | $R_f$ | % of Yield | % of C (Cal) Found | % of H (Cal) Found | % of N (Cal) Found | % of X (Cal) Found | % of S (Cal) Found |
|---|---|---|---|---|---|---|---|---|---|---|
| a | 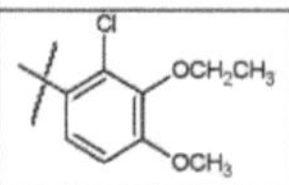 | $C_{22}H_{25}ClN_2O_4S$ (449) | 203 | 0.43 | 56 | 58.85<br>58.87 | 5.61<br>5.59 | 6.24<br>6.26 | 7.90<br>7.91 | 7.14<br>7.16 |
| b | 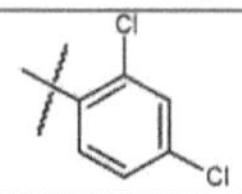 | $C_{19}H_{18}Cl_2N_2O_2S$ (409.5) | 185 | 0.52 | 61 | 55.75<br>55.76 | 4.43<br>4.44 | 6.84<br>6.82 | 17.32<br>17.30 | 7.83<br>7.85 |
| c | 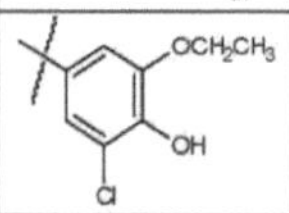 | $C_{21}H_{23}ClN_2O_4S$ (435.5) | 1238 | 0.39 | 59 | 97.99<br>97.96 | 5.33<br>5.35 | 6.44<br>6.41 | 8.15<br>8.17 | 7.37<br>7.39 |
| d | 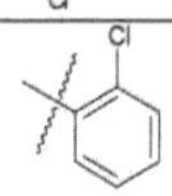 | $C_{21}H_{25}ClN_2O_2S$ (405.5) | 189 | 0.44 | 54 | 62.28<br>62.30 | 6.22<br>6.24 | 6.92<br>6.95 | 8.75<br>8.77 | 7.92<br>7.90 |
| e | 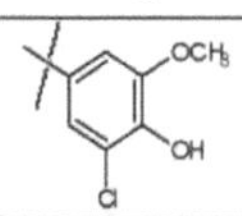 | $C_{20}H_{21}ClN_2O_4S$ (421.5) | 165 | 0.67 | 64 | 57.07<br>57.09 | 5.03<br>5.01 | 6.66<br>6.68 | 8.42<br>8.44 | 7.62<br>7.61 |
| f | 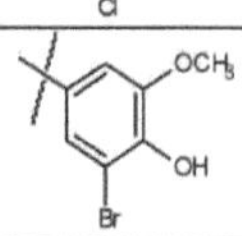 | $C_{20}H_{21}BrN_2O_4S$ (465) | 145 | 0.62 | 52 | 51.62<br>51.64 | 4.55<br>40.52 | 6.02<br>6.06 | 17.17<br>17.19 | 6.89<br>6.87 |

**TLC Sistema de solventes:-** Éter de petróleo : Acetato de etilo (4:1)

## Estudos espectrais

### Espectros de IV:

Os espectros de IV do 4-(4,5-dimetoxi-4-metilfenil)-6-(2-clorofenil-1,6-dihidro pirimidina-2-tiol (d) mostram um pico de absorção fraco a 2563cm$^{-1}$ , que é caraterístico de Ar-S-H. A pirimidina apresentou uma banda acentuada a 32l8cm$^{-1}$ devido à vibração de estiramento -N-H. O aparecimento de uma banda de estiramento a 747cm$^{-1}$ foi atribuído ao anel -C-S do anel de pirimidina. As bandas de estiramento da ligação de éter (C-O-C) apareceram a $1271cm^{-1}$ (simétrica) e $1043cm^{-1}$ (assimétrica). A curvatura aromática no plano foi observada a $1209cm^{-1}$ e a curvatura fora do plano foi observada a $824cm^{-1}$ . A cadeia C-Cl foi observada a $663cm^{-1}$.

A vibração assimétrica C-H foi encontrada na gama de $2975\text{-}2950cm^{-1}$ enquanto a deformação assimétrica C-H foi observada a $1470\text{-}1435cm^{-1}$ . O anel benzénico multi-substituído apresenta uma deformação fora do plano na gama de $900\text{-}860cm^{-1}$ **[112-114].**

Para além dos picos acima mencionados, o espetro do composto inclui outras vibrações de estiramento e flexão comuns do composto em estudo. Os espectros de IV do composto (d).

### $^1$Espectros de RMN de H:

$^1$Os espectros de RMN de H do 4-(2,5-dimetoxi-4-metilfenil)-6-(3-cloro-4-hidroxi,5-metoxi-fenil)-1,6-di-hidropirimidina-2-tiol (e) mostraram o protão C=CH-CH do núcleo da pirimidina-2-tiol que ressoou em campo ascendente na gama de 5.221 □ppm como um dupleto, enquanto NH-CH, o outro protão ressoou em campo descendente a 5,65 □ppm como um dupleto. Os três protões do grupo $\underline{CH_3}$ apareceram como um singleto a 2,23 □ppm. O singleto do grupo -SH e do grupo -NH apareceu em 9,61 □ppm e 8,28 □ppm, o que fornece comprovação adicional do anel tiol da pirimidina-2. Três grupos -$OCH_3$ apareceram como três singletos em 3,783, 3,843 e 3,88 □ppm, respetivamente. OH exibido como singleto em 6,65 □ppm.

A região aromática do espetro exibiu um dupleto integrando dois e outros prótons em 6,76 e 6,89□ppm foi atribuído ao próton do anel fenil. Os dois protões do anel fenilo sob a forma de tripleto individual a 7,245 □ppm. Os espectros de$^1$ H NMR do composto (e).

### Espectro de massa LC:

Os espectros de massa do 4-(2,5-dimetoxi-4-metilfenil)-6-(2-cloro-3-hidroxi-4-metoxifenil)-1,6-di-hidropirimidina-2-tiol(e) revelaram um forte pico de ião molecular a *422m/e*. Os espectros de massa LC do composto (e).

**Estudos dos espectros de IV de4- (4,5-dimetoxi-4-metilfenil)-6-(2-clorofenil-1, 6-di-hidropirimidina-2-tiol (d)**

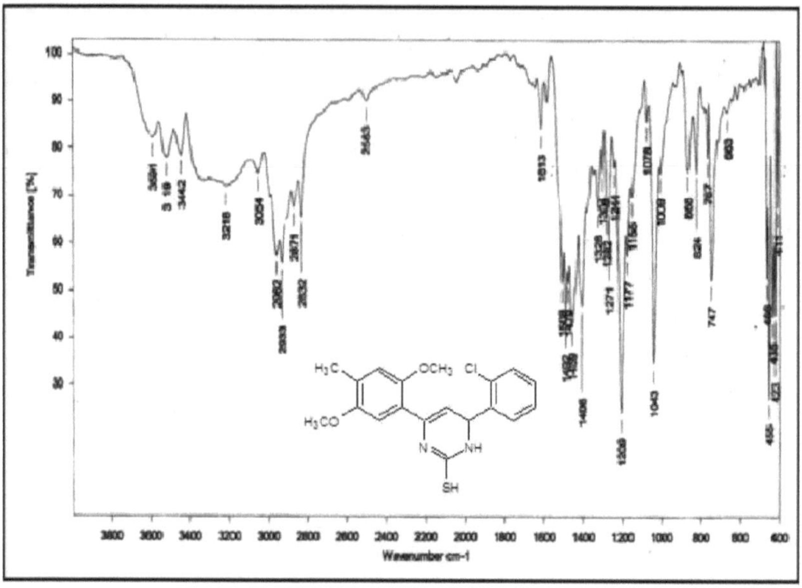


**IR** (cm'[1] ) **:** 2962 (C-H str (asym) alquilo), 2832 (C-H str (sym) alquilo), 1459 (C-H def (asym) alquilo), 1508 (C=C str arom.), 1209 (C-H i.p.def arom,), 824 (C-H o.o.p. def.arom.), 1271 (C-O-C (sym) éter), 1043 (C-O-C (asym) éter), 2563 (fraco, SH, tiofenol), 747(C-S str.thio pyrimidine), 3218(NHstr.).663(C- Clstr.)

[1]Estudos de espetroscopia de RMN de H das constantes 4-(2,5-dimetoxi-4-metilfenil)-6- (2-cloro-3-hidroxi-4-metoxi-fenil)-1, 6-di-hidropirimidina -2-tiol (e)

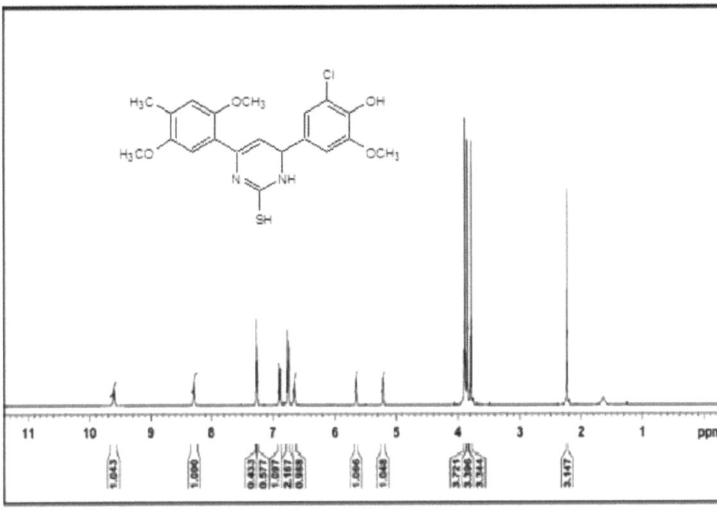

**$^1$H NMR ($CDCl_3$) Dppm:** 2.23 (s, 3H), 3.783 (s, 3H, OCH3), 3.843 (s, 3H, OCH3), 3.88 (s, 3H, OCH3), 5.221(d, 1H, J=1.8Hz), 5.65(d, 1H, J=1.8Hz), 6.65(s, OH), 6.76(d, 2H, J=1.8 Hz), 6.89(d, 1H, J=1.8 Hz), 7.25(s, 1H), 8.28(s, NH), 9.61(s, SH).

**LC Estudos espectrométricos de massa das constantes 4-(2,5-dimetoxi-4-metilfenil)-6- (2-cloro-3-hidroxi-4-metoxifenil)-l, 6-di-hidropirimidina -2-tiol (e)**

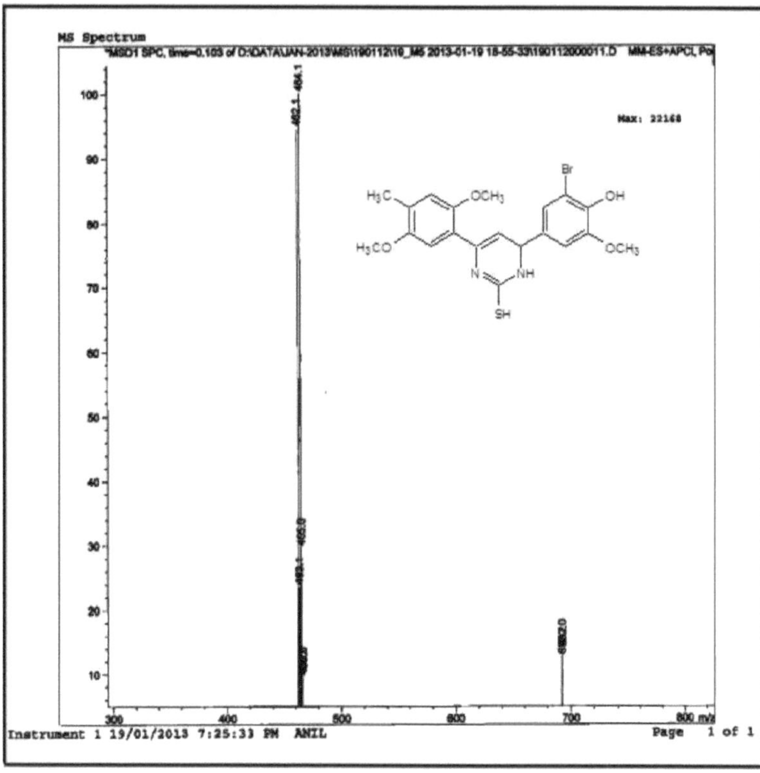

# CAPÍTULO 4
# AVALIAÇÃO BIOLÓGICA

### Actividades antibacterianas e antifúngicas dos compostos sintetizados
### Determinação das concentrações mínimas de inibição (CMI) pelo método de diluição em caldo

### Materiais e métodos:

1. Todos os fármacos sintetizados foram utilizados em testes antibacterianos.
2. Foram utilizados todos os controlos necessários, nomeadamente o medicamento, o veículo e o caldo do organismo. O medicamento Gentamicina foi utilizado como controlo.
   O caldo Muller Hinton foi utilizado como meio nutriente para cultivar as estirpes e diluir as suspensões de fármacos para o teste.
   Todas as culturas MTCC foram testadas contra as drogas conhecidas e desconhecidas acima mencionadas.
3. A técnica de diluição em série foi seguida pelo método micro, de acordo com o manual NCCLS-1997 **[115]**.
4. Tamanho do inóculo: O tamanho do inóculo para a estirpe de teste foi ajustado para $10^8$ cfu (unidade formadora de colónias) por ml.
5. As estirpes utilizadas para o rastreio das actividades antibacterianas e antifúngicas foram obtidas no *Institute of Microbial Technology* (IMTECH), *Chandigarh.*

Para o rastreio das actividades antibacteriana e antifúngica, foram utilizados os seguintes corantes adquiridos no IMTECH-Chandigarh.

*Staphylococcus aureus* (Gram positivo) MTCC-96

*Escherichia coli* (Gram negativa) MTCC-443

*Streptococcus*

*pyogenes* (Gram positivo) MTCC-442

*Pseudomonas*

*aeruginosa* (Gram negativo) MTCC-1688

*Candida* albicansMTCC-227

*Aspergillus* nigerMTCC-282

6. O DMSO foi utilizado como diluente/veículo para obter a concentração desejada de fármacos para testar em estirpes bacterianas padrão.

**Concentrações mínimas de inibição (CMI) de bactérias e fungos estirpes:**

A principal vantagem do **"Método de Diluição em Caldo"** para a determinação da CIM

reside no facto de poder ser facilmente convertido para determinar também o MIC.

1. Foram preparadas diluições em série para o rastreio primário e secundário.
2. O tubo de controlo que não contém antibiótico é imediatamente subcultivado (antes da incubação), espalhando uma alça uniformemente sobre um quarto de placa de meio adequado para o crescimento do organismo testado e incubado a $37^0$ C durante 24 horas.
3. A CIM do organismo de controlo é lida para verificar a exatidão das concentrações do medicamento.
4. A concentração mais baixa que inibe o crescimento do organismo é registada como a CIM.
5. A quantidade de crescimento do tubo de controlo antes da incubação (que representa o inóculo original) foi comparada.

**Métodos utilizados para o rastreio primário e secundário**

Cada fármaco sintetizado foi diluído obtendo-se 2000 μg/ml de concentração, como solução estoque.

**Triagem primária:** Na triagem primária, foram tomadas concentrações de 1000, 500, 250 e 125 µg/ml dos medicamentos sintetizados. Os fármacos sintetizados activos encontrados neste rastreio primário foram ainda testados num segundo conjunto de diluição contra todos os microrganismos.

**Triagem secundária:** Os fármacos considerados activos no rastreio primário foram diluídos de forma semelhante para obter concentrações de 100, 50, 25, 12,5, 6,250 µg/ml.

**Interpretação dos resultados:** A diluição mais elevada que apresenta uma inibição de pelo menos 99% é considerada como CIM. O resultado deste teste é afetado pelo tamanho do inóculo. A mistura de teste deve conter $10^8$ organismo /ml.

No presente trabalho, os resultados são interpretados em comparação com

**medicamento padrão da seguinte forma:**

Estirpes bacterianas: 12,5, 6,25 = excelente ativo,

25=bom ativo, 50=moderado ativo, 100=pouco ativo, 100< inativo.

Estirpes de fungos: 100= excelente, 125=boa, 200=péssima, 200< inativa.

**O medicamento padrão:** Os medicamentos padrão **"Gentamicina"** utilizados no presente estudo para avaliar a atividade antibacteriana mostraram 0,25, 0,5,

0,05, 1,0, µg/ml MIC contra cepas bacterianas *S.aureus, S.pyogenes, E.coli e P.aeruginosa,* respetivamente. **"K.Nystatin"** é usado como o medicamento padrão para a atividade antifúngica, que mostrou 100 µg/ml MIC contra todas as espécies, usadas para a atividade antifúngica.

## Concentrações inibitórias mínimas (MIC)

Cada fármaco sintetizado foi diluído obtendo-se 2000 µg /ml de concentração, como solução estoque.

**Rastreio primário:** Na triagem primária, foram tomadas concentrações de 500 µg/ml, 250 µg/ml e 125 µg/ml dos medicamentos sintetizados. Os medicamentos sintetizados ativos encontrados nesta triagem primária foram testados em um segundo conjunto de diluição contra todos os microrganismos.

**Triagem secundária:** Os medicamentos considerados ativos na triagem primária foram diluídos de forma semelhante para obter 100 μg/ml, 50 μg /ml, 25 μg /ml, 12,5 μg /ml e 6,250 μg/ml, concentrações.

**Interpretação dos resultados:** A diluição mais elevada que apresenta pelo menos 99 % de zona de inibição é considerada como CIM. O resultado disto é muito afetado pelo tamanho do inóculo. A mistura de teste deve conter $10^8$ organismo/ml. No presente trabalho, os resultados são interpretados em comparação com o medicamento padrão da seguinte forma: 25=excelente, 50=moderado, 100 =inativo

**Actividades antibacteriana e antifúngica:**

**Método:** Método de diluição em caldo **[115]**

**Bactérias Gram-positivas :** *Staphylococcus aureus* (Gram-positivo) MTCC-96 : *Streptococcus pyogenes* (Gram-positivo) MTCC-442

**Bactérias Gram-negativas:** *Pseudomonas aeruginosa* (Gram-negativa) MTCC- 1688

**Interpretação dos resultados** : *Escherichia coli* (Gram-negativa) MTCC-443 : 6,25, 12,5=excelente ativo, 25=bom ativo, 50=moderado ativo, 100=pobre ativo, 100< inativo

**Fungos** : *Candida albicans* MTCC-227

**Interpretação dos resultados :** 100= excelente ativo, 125= bom ativo 200=pouco ativo, 200<inativo

**Concentrações** : 6,25 µg/ml

**Solvente** : DMSO

**Medicamentos padrão** : Gentamicina e K. Nistatina

**Quadro-2: Actividades antibacteriana e antifúngica do 4-(2,5-dimetoxi-4-metilfenil)-6-substituído fenil-l,6-dihidropirimidina-2-tiol (a-f)**

Seis compostos foram sintetizados nesta série, em analogia com o grupo tiol no núcleo da pirimidina, com o objetivo de aumentar o poder antimicrobiano.

Todos estes compostos sintetizados foram analisados quanto ao seu potencial antimicrobiano contra diferentes painéis de organismos, ou seja, *E. coli*, *P. aeruginosa*, *S. aureus*, *S. pyogenes* e estirpes antifúngicas *de C. albicans.* Os resultados das actividades antimicrobianas estão representados na **Tabela-2** seguinte.

| Sr. No. | -R | Bacterial activity Minimal Inhibition Concentration (MIC) in µg/ml | | | | Fungal activity Minimal Inhibition Concentration (MIC) in µg/ml |
|---|---|---|---|---|---|---|
| | | ***S. aureus*** **MTCC 96** | ***S. pyogenes*** **MTCC 442** | ***E. coli*** **MTCC 443** | ***P. aeruginosa*** **MTCC 1688** | ***C. albicans*** **MTCC 227** |
| a | 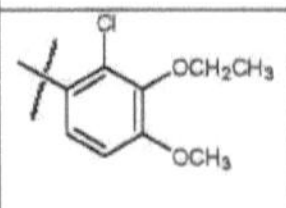 | 6.25 | 250 | 100 | 250 | 100 |
| b | 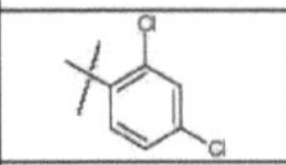 | 25 | 25 | 100 | 100 | 1000 |
| c | 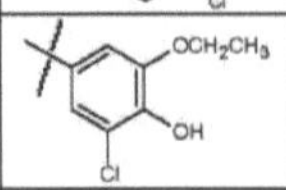 | 12.5 | 500 | 500 | 250 | 1000 |
| d | 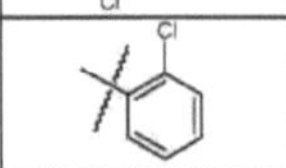 | 500 | 250 | 250 | 500 | 1000 |
| e | 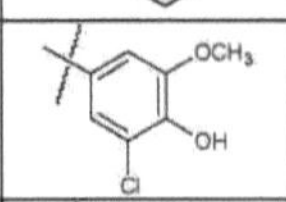 | 500 | 250 | 250 | 500 | 1000 |
| f | 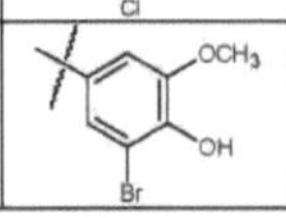 | 50 | 50 | 500 | 12.5 | 1000 |

| Interpretation of results | |
|---|---|
| **Antibacterial activity** | **Antifungal activity** |
| 6.25- 12.5=excellent,<br>25=good,<br>50=moderate,<br>100 = poor active,<br>100 < inactive | 100=excellent,<br>125=good,<br>200=poor active,<br>200 < inactive |

# CAPÍTULO 5
# Resultados e discussão

**Atividade antibacteriana:**

Os valores de CIM da atividade antibacteriana sugerem que o composto de ensaio a, c com cloro e etoxi, substituintes hidroxilo no anel fenil apresentaram uma excelente atividade contra estirpes bacterianas gram positivas *S. aureus* e b apresentaram uma boa atividade contra ambas as estirpes bacterianas gram positivas. O substituinte bromo do composto e também apresentou uma excelente atividade contra a estirpe bacteriana gram-negativa *P. aeruginosa*, comparável ao agente de referência Gentamicina. Os compostos c, e, f com substituintes hidroxi e metoxi no anel fenílico apresentaram uma atividade antibacteriana moderada contra as estirpes bacterianas gram positivas *S. aureus* e *P. aeruginosa*.

Não foram observadas actividades significativas ou comparáveis para o resto dos compostos até à concentração de 100 μg/ml. Os resultados da atividade antibacteriana são mencionados na **Tabela-2.**

**Atividade antifúngica:**

Todos os compostos sintetizados (a-f) foram analisados quanto à sua atividade antifúngica. As observações dos dados de triagem sugerem que o composto de teste 2a exibiu excelente atividade contra *C. albicans.* Enquanto os outros compostos mostraram pouca ou nenhuma atividade, mesmo na concentração de 200 μg/ml. Os resultados da atividade antifúngica são mencionados na **Tabela-2.**

## Referências

[1] Eussell, J. *A. Annu. Rev. Biochem.*, *14*, 309 **1945**.

[2] Cox, R. A. *Quart. Rev.*, *22,* 499 **1968**.

[3] Cox, R. A. *Quart. Rev.*, *22*, 934 **1968**.

[4] Callery, P.; Gannett, P. Cancer and cancer chemotherapy. Em *Foye's Principles of Medicinal Chemistry* Eds Williams, D. A., Lemke, T. L., Lippincott Williams and Wilkins, Philadelphia, 934 **2002**.

[5] Al Safarjalani, O. N.; Zhou, X. J.; Ras, R. H.; Shi, J.; Schinazi, R. F.; Naguib, F. N.; El Kouni, M. H. *Cancer Chemother. Pharmacol.*, *55*, 541 **2005**. [6] Remers, W. A. Antineoplastic agents. In *Wilson and Gisvold's Textbook of Organic Medicinal and Pharmaceutical Chemistry* eds Delgado, J. N.; Remers, W. A., *Lippincott Williams and Wilkins, Philadelphia*, 366 **1998**.

[7] Elion, G. B. *Fed. Proc.*, *26*, 898 **1967**.

[8] Burchenal, J. H. *et al. Blood*, *8*, 965 **1953**.

[9] Clarkson, B. D. *Cancer*, *5*, 227 **1970**.

[10] Giller, S. A.; Zhuk, R. A.; Lidak, M. I. U. *Dokl. Akad. Nauk. SSR*, *176*, 332 **1967**.

[11] Yerragunta, Vishwanadham; Patil, Prathima; Anusha, V.; Swamy, T. Kumara; Suman, D.; Samhitha, T., *PharmaTutor Magazine*, 12, 39-44, 6 **2013**.

[12] Hitchings, G. H.; Elion, G. B.; Wanderers, H.; Falco, E. A. *J. Biol. Chem.* ,*174*,765 **1948**.

[13] Futterman, S. *J. Biol. Chem.*, *228*, 1031 **1957**.

[14] Werkheiser, W. C. *J. Biol. Chem.*, *236*, 888 **1961**.

[15] Cheng, C. C. e Roth, B. In *Progress in Medicinal Chemistry* eds Ellis, G. P.; West, G. B., Butterworths, London, *19*, 267 **1982**.

[16] Montgomery, J. A.; Johnston, T. P.; Shealy, Y. F. In *Burgers Medicinal Chemistry*, *Part II* ed., Wolf, M. E.; Wiley-Incience, York, 595 1979. Wolf, M. E., Wiley-Interscience, Nova Iorque, 595 **1979.** [17] Kompis, I.; Wick, A. *Helv. Chim. Ata*, *60*, 3025 **1977**.

[18] Shinogi, Patente dos EUA, 2 888 455, **1959**.

[19] MacDonald, L.; Kazanijan, P., *Formulário*, *31*, 470 **1996**.

[20] White, N. J. *N. Engl. J. Med.*, *335*, 800 **1996**.

[21] Von Zabern, I.; Nolte, R.; Przyklenk, H.; Vogt, W. *Int. Arch. Allergy Appl. Immunol*, *76*, 205 **1985**.

[22] Aly, Hala M.; Saleh, Nashwa M.; *Revista Internacional de Investigação Avançada,* **24**, 694- 702, 9 **2014**.

[23] Naresh, K.; Rajeshwar, Y.; Jayaveera, K. N.; *World Journal ofPharmacy and Pharmaceutical Sciences,* **33**, 1981-1988, 8 **2014**.

[24] Huges, J.; Roberts, L. C.; Coppridge, A. J. J. *Urol., 114*, 912 **1975**.

[25] Wakelin, L. P. G.; Waring, M. J.; *Pergamon Press, 2*, 731 **1990**.

[26] Agrebi, Asma; Allouche, Fatma; Fetoui, Hamadi; Chabchoub, Fakher,; *Mediterranean Journal ofChemistry,* **32,** 864-876, 13 **2014**.

[27] Abd El-Moneim, Mohamed; *Jornal de Química Aplicada*, **71**, 67-76, 10 **2014**.

[28] Andrews, B.; Ahmed, Mansur; *International Journal of Chemical and PharmaceuticalResearch,* **210**, 340-350, 11 **2013**.

[29] Polak, A.; Scholer, H. J. *Chemotherapy*, *21*, 113 **1975**.

[30] Hunter, P. A., Darby, K. G., Russel, N. J. ; In *Symposia of the society for General Microbiology* ed. Collins, M., Cambridge Press, Cambridge, 1995. Collins, M., Cambridge University Press, Cambridge, **1995**.

[31] Chadwick, B.; Addy, M., Walker, D. M. *Br. Dent. J.*, *71*, 83 **1991**.

[32] Nomoto, S. *J. Antibiot.*, *30*, 955 **1977**.

[33] Gale, E. F.; Cundliffe, E.; Reynolds, P. E.; Richmond, M. H.; Waring, M. J. *TheMolecular Basis of Antibiotic Action*, Wiley and Sons, *2*, 500 **1981**.

[34] Jargão, A. *Lancet*, *337*, 1457 **1991**.

[35] Langtry, H. D. *Drugs*, *38*, 900 **1989**.

[36] Khokhani, Kamlesh M.; Gol, Ravindra M.; Khatri, Taslimahemad T.; Patel, Praful K.; Interface Química e Biologia**, 42,** 119-130, 12 pp **2014**.

[37] Haq, Nadia; Niu, Deqiang; Petter, Russell C.; Qiao, Lixin; Singh, Juswinder; Zhu, Zhendong, ;, *PCTInt. Appl.*, WO 2014124230 A2 20140814 2014.

[38] Dongre, Rajendra S.; Bhat, Ajmal R.; Meshram, Jyotsna S.; *American Journal ofPharmTech Research***, 41 2014.**

[39] Reynolds, J. E. F. ed., *Martindale, The Extra Pharmacopoeia*, Council of The Royal Pharmaceutical Society of Great Britain, Londres, *31*, 1651 **1996**.

[40] Nigel, J.; Liverton, Rodney A.; Bednar, Bohumil; Bednar John W. Butcher, *J. Med. Chem.*, **504**, 807-819 **2007**, Prasenjit, Mondal; Soma, Jana & Lakshmi, Kanta Kanthal; *The Pharma Research,* **2010, 3; 2010**.

[41] Hassan, H. M. *et al J. Chem. Pharm. Res.,* **32** 776-785, **2011.**

[42] Ghodasara, Hardik B.; Patel, Bharat G.; Shah, Viresh H.; *Indian Journal of Chemistry,* **53B4**, 419-425 **2014**.

[43] Kim, Hong-Yong; Shieh, Wen-Chung; Prashad, Mahavir; *Tetrahedron* Letters, **5536**, 5055-5057 **2014**.

[44] Zhou, Shuwen; Xu, Defeng; Wang, Ziqiao; Zhu, Zhiling; Zha, Zhenyu; Fan, Yu; Su, Hongkui; *Asian Journal of Chemistry*, **2612**, 3559 -3561 **2014**.

[45] Behbehani, Haider et.al; *Abstracts of Papers, 248th ACS National Meeting& Exposition, SanFrancisco, CA, UnitedStates,* August 10-14.

[46] Marella, Akranth; Akhter, Mymoona; Shaquiquzzaman, Mohammad; Tanwar, Omprakash; Verma, Garima; Alam, Mohammad Mumtaz,; *Medicinal Chemistry Research* **2014.**

[47] Vyas, R; Udaibhan, Gahlot S; Verma, B.L; *Ind. J. Hetero. Chem;* **13,** 115 **2003**.

[48] Naik, T.A. e Chikhalia, K.H.; *E-Journal of Chem;* 41, 60-66 **2007**.

[49] Pedeboscq, S; Gravier, D; Casadebaig, F; Hou, G; *et at*; *Eur. J. Med. Chem.*; **45**, 2473-2479 **2010**.

[50] Rathod, I. S; Pillai, A.S. e Shirsath, V.S.; *Ind. J. Hetero. Chem.*; **10,** 93 **2000**.

[51] Erric, Meade A; Marcos, Sznaidman; Gerald, Pollard T; *et al*; *Eur. J. Med.Chem.* **33**; 363 **1998.**

[52] *Patente dos Estados Unidos* 6936610 B2, *data da patente* **30 de** *agosto* **de 2005.**

[53] Paul, Rolf; Hallett, William A.; Hanifin, John W.; Reich, Marvin F.; Johnson, Bernard D.; Lenhard, Robert H.; Dusza, John P.; Kerwar, Suresh S.; Lin, Yang I.; et al.; Journal of Medicinal Chemistry, **3619**, 2716-25 **1993**.

[54] Prakash, L.; Malik, Seema; Shaihla, N.; Sharma, Rashmi; Mital, R. L.; Journal of the Indian Chemical Society**, 693**, 168-9. **1992**

[55] Badie, M. F.Proceedings of the Indian National Science Academy, Part A: Physical Sciences**, 581**, 37-42 **1992**.

[56] Shih, Chuan; Gossett, Lynn S.; Worzalla, John F.; Rinzel, Sharon M.; Grindey, Gerald B.; Harrington, Philip M.Taylor, Edward C. Journal of Medicinal Chemistry**, 356**, 1109-16 . **1992**

[57] Ozeki, Kohji; Ichikawa, Teru; Takehara, Hiroyuki; Tanimura, Kenjiro; Sato, Makoto; Yaginuma, Hideya; Chemical & Pharmaceutical Bulletin**, 377**, 1780-7 **1989**.

[58] Rauckman, Barbara S.; Tidwell, Mary Y.; Johnson, Jay V.; Roth, Barbara; Journal ofMedicinal Chemistry**, 328**, 1927-35. **1989**

[59] Sanghvi, Yogesh S.; Larson, Steven B.; Willis, Randall C.; Robins, Roland K.; Revankar, Ganapathi R.; Journal of Medicinal Chemistry, 325, 945 -51 **1989**.

[60] Dinakaran, Vachala Seekarajapuram; Jacob, Divya; Mathew, Jessy Elizabeth; Medicinal

Chemistry Research, **2111**, 3598-3606. **2012**

[61] Ramiz, Mahmoud M. M.; El-Sayed, Wael A.; El-Tantawy, Asmaa I.; Abdel-Rahman, Adel A.-H; *Archives of Pharmacal Research*, **335**, 647-654. **2010.**

[62] Prasad, Y. Rajendra; Rahaman, S. A.; *International Journal of Chemical Sciences*, 64, 2038-2044 **2008**.

[63] Lou, Jun; Yang, Xiaoyan; Rao, Zhigang; Qi, Wenwen; Li, Jinhui; Wang, Haiyu; Li, Yuxi; Li, Jinping; Wang, Zhiming; Hu, Xianming; et al, *European Journal of Medicinal Chemistry*, **83**, 466-473 **2014**.

[64] Rashid, Mohd.; Husain, Asif; Shaharyar, Mohammad; Mishra, Ravinesh; Hussain, Afzal; Afzal, Obaid; *European Journal of Medicinal Chemistry*, **83**, 630-645 **2014**.

[65] Kim, Jin-Hee; Yu, Jinha; Alexander, Varughese; Choi, Jung Hee; Song, Jayoung; Lee, Hyuk Woo; Kim, Hea Ok; Choi, Jungwon; Lee, Sang Kook; Jeong, Lak Shin; *European Journal of Medicinal Chemistry*, **83**, 208-225 **2014**.

[66] Edupuganti, Ramakrishna; Wang, Qiantao; Tavares, Clint D. J.; Chitjian, Catrina A.; Bachman, James L.; Ren, Pengyu; Anslyn, Eric V.; Dalby, Kevin; *Bioorganic &Medicinal Chemistry* **2014**.

[67] Lahsasni, Siham A; *Pharmaceutical Chemistry Journal*, **483**, 171-174 **2014**.

[68] Al-Refai, Mahmoud; Geyer, Armin; Marsch, Michael; Ali, Basem F. *Journal of Chemical Crystallography*, **448**, 407-414 **2014**.

[69] Calabrese, Andrew Antony; Jeffy, Brandon; Robinson, Dale; Zhu, Dan; Huang, Dehua; Elsner, Jan; Boylan, John; Tehrani, Lida; Nagy, Mark A.; Moghaddam, Mehran Fallah; et al; U.S. Pat. Appl. Publ., US 20140200206 A1 20140717 2014.

[70] Kovalenko, A. L.; Krutika, V. I; Zolotuk, hina M. M. e Alekseava, L. E.; *Zh. Obsch. Khim*, **626**, 1363-66 **1992,** *C.A.*, 118, $101909_r$ **1993.**

[71] Anjaneyulu, A. S. K.; Sudha, Rani G.; Mallavadhani, U. V. e Murthy, Y. L. N.; *Ind. J. Heterocyclic Chem*. **4**, 277-80 **1995.**

[72] Zimmermann, Jureg; *U.S.* 5, 521, 184 Cl. 514-252; C07 D239/92, *C.A.*, **125**.$114681_c$ **1996.**

[73] Boschelli, Diane Harris; Dobrusin, Ellen Mura; Doherty, Annette Marian; *PCTInt. Appl. WO,* **98** 33, 798, *C.A.,* 129, $3700_a$ **1998**.

[74] Bosmas, Jean Paul; Rene, Marie Andre; Love, Christopher John; 9743, 279, *EPAppl.* 96/201, 283; *C.A.*, 128, $34778_m$ **1998.**

[75] Bothara, K. G.; Kadam, S. S.; Sal, Shivram V.; *Ind. Drugs* **356 1998;** *C.A.* ,**129**, $245107_a$ **1998.**

[76] Henie, Robert N.; Peoke, Chinton J.; *et. al.*; *PCT Int. Appl. WO,* 98 20, 878 Cl. A61K31/505 **1998,** *Appl.* 96/05 17, 748 **1996;** *C.A.*, 129, $16136_s$
**1998.**

[77] Walter, Herald; PCT *Int. Appl.*WO **99** 14, 202 Cl. C07 D239/00 **1999**; *GB Appl.* **97/19**, 411 **1997**; *C.A.*, **131**, $252368_k$ **1999.**

[78] Kitano, Yasunori; Kowahara, Eiji; *et al*; *Jpn, KofcafTokkyo Koho JP* 11, 80, **131** Cl. C07D239/74 **1999**. *Appl.* **97/251**, 348; *C.A.*, 131, $267450_e$ **1999.**

[79] Hashimoto, Shinsuke; Shirochi, Tatamitsu; Shintani, Telsuya; Ishikawa, Masayuki; Aiuma, Hiroshi; *Jpn. KoJcai Tokfcyo Koho JP,* **11**, 92, 458 Cl. CO 7D239/42 ***1999;*** *Appl.* 97/254, 393, *C.A.,* 130, $237595_p$ **1999.**

[80] Hisaki, Masakalsu; Ohta, Yochiro; Kawanishi, Kenji; *Eur. Pat. Appl. EP* 97, 806, 418; *JP Appl.*, 96/115, 147; *C.A.*, 128, $22917_f$ **1998.**

[81] Robson, Claire; Wright, Karenk; Twentymen, Peter R.; Lambert, Peter; *Biochim. Pharmcol.* **567**, 807-16 **1998;** *C.A.,* **128**, $22917_t$ **1998.**

[82] Leanne, M. Robert; Hannick; Steven, M.; Rasmussen, Michael; Tien, Jien Heh J; PCT *Int. Appl.* WO, **98** 34, 917 Cl. C07 D73/00 **1998**, US *Appl.* 908, 754 **1997,** *C.A.*, **129,** $175918_q$
**1998.**

[83] Yamada, Kouichiro; Yasuda, Kosuke; Yoshikawa, Kokei, Kono, Rikako; *Jpn. Kokai Tokkyo Koho JP.* 10 226, 649 Cl. A61 K31/505 **1998**; JP *Appl.* 96/331, 701 **1996**; *C.A.,* **129,** $216624_m$ **1998.**

[84] Suto, Mark J; Gayo, Leah M.; Palanki, Moorthy S. S.; Ransone, Fong,
Lynn J.; PCT *Int. AppL* WO 98 38, 171 Cl. C07 D239/28 **1998**, US *Appl.* **807,** 677 **1997,** *C.A.*, **129,** $216625_n$ **1998.**

[85] Gangjee, Aleen; Zhu, Yuanming; Queener, Sherry F.; *J. Med. Chem.,* **4123**, 4533-4541 **1998;** *C.A.*, **130**, $13966_x$ **1996.**

[86] Ugarkar, Bheemarao G.; Erion, Mark D.; Gomez, Galeno Jorge E, ; *U.S.* US 5, 795, 977 Cl. 536-27; C07 H19/16 **1998,** US *Appl*, 473 **1995,** *C.A.*, **129**, 175920, **1998.**

[87] Hernandez, Franco Laura; Bal de Joffe, Elisa; Purielli, Lydia; Tatian, Mareos; Seldes. Alicia M.; Palermo Jorge A.; *J. Nat. Prod.* **619 1998,** *C.A.*, **129**, $260618_m$ **1998.**

[88] Secrist, John A.; Tiwari, Kamal N.; Shortnacy-Fowler; Anita T.; Massini Lea; Riordan; *J. Med. Chem.*, **4120**, 3865-3871 **1998,** *C.A.*, **129**, $290350_k$ **1998.**

[89] Barot, V. M.; *Orient J. Chem.* 121, 91-92 **1996.**

[90] Rinkes I. J.; *Reel. Trav. Cairn Pays-Bus*, 46268 **1927.**

[91] Howard, G. A.; Lythgoe, B. e Todd, A. R.; *J. Chem. Soc.*, **476 1944.**

[92] Whitehead, C. W. e Traversol, J. J.; *J. Chem. Soc.*, **80**, 2185 **1958.**

[93] Bredercck, H.; Effcnberger, F. e Trciber, H. J.; *Chem. Ber.,* **96**, 1505 **1963.**

[94] Brown, D. J.; *Chem. Heterocycl. Compel.,* **20**, 16-51 **1970.**

[95] Inoue, S.; Saggimoto, A. J. e Nodiff, E. A.; *J. Org. Chem.,* **26**, 4504 **1961**.

[96] Van, Allan J. A.; *Org. Synth.,* **32**, 45, **1952.**

[97] Tayior, E. G. e Morriosn, R. W. Jr.; *J. Org. Chem.,* **32**, 2379 **1967.**

[98] Russell, P. B. e Hitchings, G. H.; *J. Am. Chem. Soc.,* **74**, 3443 **1952**.

[99] Krohnke, P.; Schmidt, E. andZoecher, W.; *Chem. Ber.;* **97**, 1163 **1964.**

[100] Ajcllo, T.; *Gflzz. Chem. Ital.,* **70**, 504 **1940.**

[101] Mitchell, H. K. e Nyo J. F.; *J. Am. Chem. Soc.,* **69**, 674 **1947.**

[102] Shaw e Saugowdz G.; *J. Chem. Soc.,* 665 **1954.**

[103] Dorhow, A. e Hell, J.; *Chern. Ber.,* **93**, 1998 **I960.**

[104] Slreef, J. W. e Dcnhertog, H. J.; *Rec. Trav. Chem. Pays-Bas;* **88**, 1391 **1969.**

[105] Crow, W. D. e Wentrup, C.; *Tetrahedron Lett.,* **7**, 3115 **1969**.

[106] Schaefer, F. C.; Huffman, K. R. e Peters, G. A.; *J. Org. Chem.*, **27**, 548 **1962.**

[107] Eiden, F. e Nagar, B. S.; *Naturwissen Schaften*, **50**, 403 **1963.**

[108] Warrerb R. N. e Cairn, E. N.; *Aust. J. Chem.* **24**, 785 **1971.**

[109] Murthy, Y. L. N. e Jagmohan, G.; *Ind. J. Heterocyclic Chem*, **8**, 277280 **1999.**

[110] El-Gail, Abd, Amr E.; *Ind. J. Heterocyclic Chem,* **10**, 49-58 **1999.**

[111] Osisanya, Rasaki Abayomi e Oluwadiya, James Olabisi; *J. Heterocyclic Chem.* **26**, 947 **1989.**

[112] Parikh V. M.; *Absorption spectroscopy of organic molecules addition- wesley publishing company* 243-258 **1978**, *B. D. Mistry, A hand book of spectroscopic data, ABD Publishers Jaipur, India* 11-36 **2000**.

[113] Silverstein Bassler, Morrill; *Spectrometric identification of organic compounds 6th addition, John Wiley and Sons, INC.*

[114] Introduction oflnfrared and Raman Spectroscopy por Norman B. Colthup, Lowrence H. Daly e Stephene E. Wiberlny, Academic press **1975**.

[115] Comité Nacional para a Norma de Laboratório Clínico. Reference method for broth dilution antifungal susceptibility testing of yeasts Approved standard M27A., NCCLS, Wayne, PA. **1997.**

MIX
Papier aus verantwortungsvollen Quellen
Paper from responsible sources
FSC® C105338

Printed by Books on Demand GmbH, Norderstedt / Germany